数学基礎コース＝S別巻3

大学で学ぶ
やさしい 微分方程式

水田 義弘 著

サイエンス社

◆ Microsoft および Microsoft Excel は米国 Microsoft Corporation の米国およびその他の国における登録商標です．
◆ その他，本書に記載されている会社名，製品名は各社の商標または登録商標です．

サイエンス社のホームページのご案内
http://www.saiensu.co.jp
ご意見・ご要望は　rikei@saiensu.co.jp　まで．

まえがき

　私たちの身の周りに起きるさまざまな現象は，微分を使った数式で記述され，数学的に解析することによって究明することが可能である．刻々と変化する量は関数によって記述され，関数の変化を表すのが微分である．例えば，ニュートンの方法によると，微分方程式を利用して運動を数学的に記述することができ，微分方程式を解くことにより運動が解明される．

　本書では，さまざまな現象が微分方程式で記述され，その解を求めることにより，現象がうまく解明されることを学ぶ．このとき，微分方程式をやさしく理解できるようにつとめるとともに，多くの例題や問題を用意した．

　第1章では微分方程式とは何かについて説明する．

　第2章では1階の微分方程式で記述される現象が多数あることを示すとともに，1階の微分方程式の解法について学ぶ．

　第3章では2階の微分方程式の解法を解説する．

　第4章では連立線形微分方程式を扱う．簡単のため，2次の場合を扱うが，一般の場合の考察を視野にいれた解説を行う．

　第5章，第6章，第7章では，微分方程式にはさまざまな解法があることを学ぶ．すなわち，ラプラス変換を利用した解法，級数による解法，微分演算子による解法について解説する．

　第8章では，偏微分方程式について解説する．ここでは，線形の場合のみを扱う．とくに，波動方程式，熱伝導方程式，ラプラス方程式について学ぶ．

　ギリシャ時代から2000年以上の歳月を経て，数学は大いに発展し学問的な蓄積は計り知れないものがある．日々蓄積される膨大な量の知識を，次の世代の人々と共有するために，数学の抽象化と一般化は避けて通れない．しかしながら，このことが，多くの学生を数学の外に追いやる原因ともなりかねない．これを避けるために，コンピュータをうまく活用して，抽象的な概念の理解に役立てることも必要と考え，この本では，Excelを利用して，微分方程式の解のグラフを作成する方法を解説した．また，Mathematicaなどの数学ソフトを上手に使うことも可能であろう．

まえがき

　この本の執筆中，サイエンス社の田島伸彦氏と鈴木綾子氏，同僚の二村俊英氏と北浦啓次氏にもたくさんの批評を頂いたことを感謝する．

2008年9月

水　田　義　弘

目次

第1章 微分方程式 　　1

- 1.1 微分方程式 ………………………………………………………… 1
- 1.2 微分方程式の作り方 ……………………………………………… 2
- 1.3 微分方程式の解 …………………………………………………… 3
- 1.4 関数のグラフ ……………………………………………………… 4

第2章 1階微分方程式 　　6

- 2.1 変数分離形 ………………………………………………………… 6
- 2.2 微分方程式の応用 ………………………………………………… 9
  - 2.2.1 マルサスの人口論 ……………………………………………… 9
  - 2.2.2 ベアフルストの人口論 ……………………………………… 11
  - 2.2.3 雨粒の速さ ……………………………………………………… 13
  - 2.2.4 死亡時刻の推定 ………………………………………………… 14
  - 2.2.5 電気回路 ………………………………………………………… 15
  - 2.2.6 曲線の追跡 ……………………………………………………… 16
- 2.3 微分方程式の近似解（オイラー法）…………………………… 18
- 2.4 1階線形微分方程式 ……………………………………………… 20
- 2.5 積分因子 …………………………………………………………… 24
- 2.6 同次形 ……………………………………………………………… 26
- 2.7 完全形 ……………………………………………………………… 28
- 2.8 ベルヌーイの微分方程式 ………………………………………… 31
- 2.9 リッカチの微分方程式 …………………………………………… 33
- 2.10 クレローの微分方程式 ………………………………………… 35
- 2.11 解の存在と一意性 ……………………………………………… 37

第3章　2階線形微分方程式　　42

- 3.1　2階線形微分方程式 42
- 3.2　2階定数係数微分方程式 45
- 3.3　2階線形微分方程式の解法 50
- 3.4　定数変化法 52
- 3.5　オイラー法 57
- 3.6　微分方程式の応用 59
  - 3.6.1　振り子の運動 59
  - 3.6.2　減衰振動 61
  - 3.6.3　振動と共振 62
  - 3.6.4　電気回路 64
- 3.7　オイラー型の2階線形微分方程式 66

第4章　連立線形微分方程式　　68

- 4.1　連立線形微分方程式 68
- 4.2　2階線形微分方程式 70
- 4.3　連立線形同次微分方程式 73
- 4.4　連立線形同次微分方程式の解法 76
- 4.5　連立線形微分方程式の例 79
  - 4.5.1　シマウマとライオンの数理 79
  - 4.5.2　2国間の軍備競争 81
  - 4.5.3　ばねの振動 83
- 4.6　連立線形微分方程式の解法 85
- 4.7　定数変化法 89
- 4.8　オイラー法 93

目　次　　　v

第5章　ラプラス変換　　　97

- 5.1　ラプラス変換 ……………………………………………… 97
- 5.2　基本的な関数のラプラス変換 …………………………… 98
- 5.3　ラプラス変換の微分積分 ………………………………… 101
- 5.4　ラプラス変換の逆変換 …………………………………… 103
- 5.5　ラプラス変換による微分方程式の解法 ………………… 104
- 5.6　ラプラス変換による連立微分方程式の解法 …………… 107

第6章　級数による解法　　　108

- 6.1　整　級　数 ………………………………………………… 108
- 6.2　級数による微分方程式の解法 …………………………… 113
- 6.3　エルミートの微分方程式 ………………………………… 115
- 6.4　ルジャンドルの微分方程式 ……………………………… 117
- 6.5　ベッセルの微分方程式 …………………………………… 119
- 6.6　ガウスの微分方程式 ……………………………………… 121

第7章　高階微分方程式と微分演算子法　　　123

- 7.1　微分演算子 ………………………………………………… 123
- 7.2　逆演算子 …………………………………………………… 126
- 7.3　高階の微分方程式 ………………………………………… 129

第8章　偏微分方程式　　　134

- 8.1　偏　微　分 ………………………………………………… 134
- 8.2　偏微分方程式 ……………………………………………… 135
- 8.3　1階線形偏微分方程式 …………………………………… 136
- 8.4　2階偏微分方程式 ………………………………………… 140
    - 8.4.1　2階偏微分方程式 ………………………………… 140

	8.4.2　2階定数係数偏微分方程式の分類	140
	8.4.3　偏微分演算子	142
8.5	1次元波動方程式	146
8.6	熱伝導方程式	148
8.7	ラプラス方程式	152

付　録　156

A.1	Excel による関数のグラフの描き方	156
A.2	Excel による漸化式の散布図の描き方	160

解　答　164

索　引　189

第1章

微分方程式

1.1 微分方程式

独立変数 x，その関数 y やその微分を含む式を**微分方程式**という．例えば

$$(1+y)\frac{dy}{dx} + (1+x) = 0 \qquad (*)$$

この微分方程式を

$$(1+y)y' + (1+x) = 0$$

と書くこともある．

また，y' の他にも n 階までの導関数を含む方程式

$$F(x, y, y', y'', \ldots, y^{(n)}) = 0$$

を **n 階微分方程式**という．$(*)$ は 1 階微分方程式であり

$$(1-x^2)y'' - 2xy' + m(m+1)y = 0$$

は 2 階微分方程式である．さらに

$$y''' + ay'' + by' + cy = x^4$$

は 3 階微分方程式である．

問 題

1.1 次の微分方程式の階数を求めよ．
(1) $xy' = x + y^2$
(2) $y'y''' + y'' = 0$

1.2 微分方程式の作り方

原点を中心として半径が a の円は

$$x^2 + y^2 = a^2$$

と表される．これを x で微分すると

$$2x + 2yy' = 0$$

となり，定数 a を含まない微分方程式を得る．

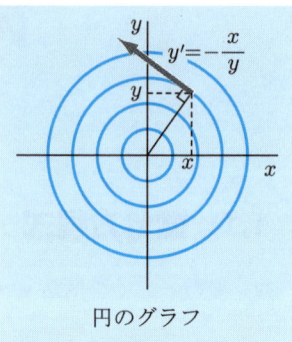

円のグラフ

例題 1.1 ──微分方程式の作り方──

次の方程式から，定数 c を消去して，微分方程式を作れ．

$$y = cx^2$$

解答 x で微分すると

$$y' = 2cx$$

これから，$c = \dfrac{y'}{2x}$．最初の式に代入すると

$$y = \dfrac{y'}{2x} x^2$$

よって，$y = \dfrac{xy'}{2}$，または

$$xy' - 2y = 0$$

問題

1.2 次の方程式から，定数 c を消去して，微分方程式を作れ．

(1) $y = x + \dfrac{c}{x}$ (2) $(x-c)^2 + y^2 = c^2$

1.3 微分方程式の解

微分方程式
$$F(x, y, y', \ldots, y^{(n)}) = 0 \qquad (*)$$

に対して，関数 $y = f(x)$ が $(*)$ を満足しているとき，この微分方程式の**解**であるという．

微分方程式 $(*)$ の解 $y = f(x)$ を求めることを**微分方程式を解く**という．

例題 1.2 ──────────────────────── 微分方程式の解 ─

$y = e^{-x}$ は，次の微分方程式の解であることを示せ．
$$y' + y = 0$$

解答 合成関数の微分法を利用すると
$$\left(e^{-x}\right)' = e^{-x}(-1) = -e^{-x}$$

よって
$$y' + y = -e^{-x} + e^{-x} = 0$$

問題

1.3 (1) $y = x^3$ は，次の微分方程式の解であることを示せ．
$$xy' - 3y = 0$$

(2) $y = \sin x$ は，次の微分方程式の解であることを示せ．
$$y'' + y = 0$$

1.4 関数のグラフ

まず，関数 $y = x^2$ のグラフを Excel を用いて描くと

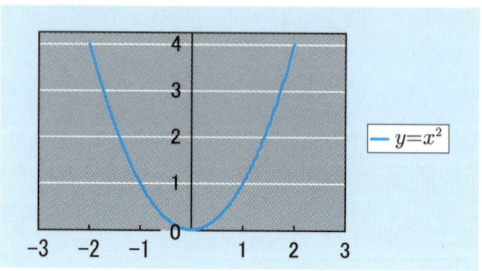

このグラフの描き方は付録を参照してほしい．

次に，関数 $y = x^2$ の微分のグラフを Excel を用いて描いてみよう．関数 $y = y(x)$ に対して，その微分 y' は

$$y' = \lim_{h \to 0} \frac{y(x+h) - y(x)}{h}$$

に注意しよう．よって，h が十分小さいとき

$$y' \fallingdotseq \frac{y(x+h) - y(x)}{h}$$

そこで，上と同じようにして，近似微分

$$\frac{y(x+h) - y(x)}{h}$$

のグラフを書いて，$y' = 2x$ のグラフと比較してみよう．

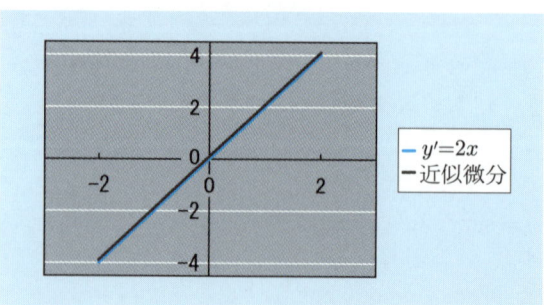

1.4 関数のグラフ

> **例題 1.3** ─────────────────────── 微分のグラフ ─
>
> $y = x^3$ について
> (1) y' を求めよ．
> (2) $h = 0.1$ として，y' のグラフを書こう．
> (3) $\dfrac{(x+h)^3 - x^3}{h}$ のグラフを書こう．
> (4) (2) と (3) のグラフを比較しよう．

解答 (1) $y' = 3x^2$, $h = 0.1$ のときは，下図左のように (2) と (3) のグラフは若干のずれがある．

一方，$h = 0.01$ のときは，下図右のように (2) と (3) のグラフがほとんど一致していることがわかる．

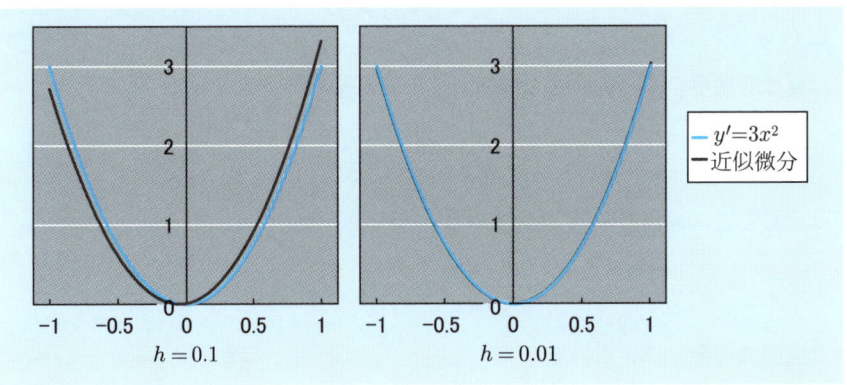

問題

1.4 $y = e^x$ について
  (1) y' のグラフを書こう．
  (2) $\dfrac{y(x+h) - y(x)}{h}$ のグラフを書こう．
  (3) (1) と (2) のグラフを比較しよう．

1.5 $y = \sin x$ について
  (1) y' のグラフを書こう．
  (2) $\dfrac{y(x+h) - y(x)}{h}$ のグラフを書こう．
  (3) (1) と (2) のグラフを比較しよう．

第2章

1階微分方程式

2.1 変数分離形

1階微分方程式

$$\frac{dy}{dx} = f(x)g(y) \tag{$*$}$$

は**変数分離形**の微分方程式と呼ばれる．これを

$$\frac{1}{g(y)}\frac{dy}{dx} = f(x)$$

と変形して，両辺を x で積分すると

$$\int \frac{1}{g(y)}\frac{dy}{dx}\,dx = \int f(x)\,dx$$

合成関数の微分法を用いると

$$\int \frac{1}{g(y)}\,dy = \int f(x)\,dx \tag{$**$}$$

微分方程式 $(*)$ を

$$\frac{1}{g(y)}\,dy = f(x)\,dx \tag{$***$}$$

のように書き換えることを**変数を分離する**という．その後，左辺は y の関数とみて積分し，右辺は x の関数とみて積分すると $(**)$ を得る．

2.1 変数分離形

例題 2.1 ─────────────────────── 変数分離形 (I)

等式
$$\int \frac{1}{g(y)}\,dy = \int f(x)\,dx$$
で定まる関数 $y = y(x)$ は，微分方程式 $(*)$ の解であることを示せ．

解答 与式の左辺を $G(y)$，右辺を $F(x)$ とおいて，x で微分すると

$$\frac{d}{dx}G(y) = \frac{d}{dx}F(x)$$

右辺は

$$\frac{d}{dx}F(x) = \frac{d}{dx}\int f(x)\,dx = \left(\int f(x)\,dx\right)' = f(x)$$

また，合成関数の微分法から，左辺は

$$\frac{d}{dx}G(y) = \frac{d}{dy}G(y)\frac{dy}{dx} = \frac{1}{g(y)}\frac{dy}{dx}$$

に注意すると

$$\frac{1}{g(y)}\frac{dy}{dx} = f(x)$$

となり，$(*)$ を満たす．

さて，微分方程式

$$y' + p(x)y = g(x)$$

は，1 階線形微分方程式と呼ばれる (2.4 節を参照)．とくに，$g(x) = 0$ のとき同次形であるという．これは

$$y' = -p(x)y$$

と変形すると変数分離形である．

例題 2.2 — 変数分離形 (II)

変数分離形の微分方程式
$$y' = -\frac{x}{y}$$
の解を求めよ．

解答 $y' = \dfrac{dy}{dx}$ と変形して，変数を分離すると
$$y\,dy = -x\,dx$$

両辺をそれぞれ y, x で積分すると
$$\frac{y^2}{2} = -\frac{x^2}{2} + C$$
$$\therefore \quad y^2 = -x^2 + 2C$$

ここに，C は **積分定数** と呼ばれる．$2C = a^2$ とおくと
$$x^2 + y^2 = a^2$$

この式は原点を中心とする円を表す．

注意 この解のように，定数を含むものは **一般解** と呼ばれる．ここで，例えば，$x = 0$ のとき，$y = 1$ であるというような条件を仮定すると解は
$$x^2 + y^2 = 1$$
で与えられる．このような条件は **初期条件** と呼ばれる．

与えられた微分方程式と与えられた初期条件を満たす解を求める問題を **初期値問題** という．

問題

2.1 次の初期値問題を解け．

(1) $y' = 2x + 1 \quad (y(0) = 1)$ (2) $(x+1)y' = y \quad (y(1) = 1)$

(3) $y' = y(4 - y) \quad (y(0) = 1)$ (4) $x^2 y' + y^2 = 0 \quad (y(1) = 1)$

2.2 微分方程式の応用

2.2.1 マルサスの人口論

マルサスの人口論によると，人口の増加率はそのときの人口に比例するという．したがって，時刻 t のときの人口を $N = N(t)$ とすると，時間が t から Δt だけ変化したとき，人口の変分

$$\Delta N = N(t + \Delta t) - N(t)$$

は，N と Δt に比例する．比例定数を k とすると

$$\Delta N = N(t + \Delta t) - N(t) = kN\Delta t$$

両辺を Δt で割ると

$$\frac{\Delta N}{\Delta t} = kN$$

$\Delta t \to 0$ とすると

$$\frac{dN}{dt} = kN \qquad (*)$$

したがって，人口 $N = N(t)$ はこの微分方程式にしたがって変化する．

この微分方程式は変数分離形であるから，変数を分離して積分すると

$$\int \frac{dN}{N} = \int k\, dt$$

よって

$$\log N = kt + c$$

すなわち，解は $N = e^{kt+c} = e^c e^{kt} = Ce^{kt}\ (C = e^c)$ である．

ここで，$N(0)$ と $N(1)$ が与えられたとしよう．すると

$$N(0) = C, \quad N(1) = Ce^k = N(0)e^k$$

$e^k = N(1)/N(0)$ だから

$$N = N(t) = N(0)(e^k)^t = N(0)\left(\frac{N(1)}{N(0)}\right)^t$$

例題 2.3 ─────── マルサスの人口論

ある国の人口は，次のように推移している．

年	0	200	400	600	800	1000
人口（万人）	1400	2000	2900	4000	5300	6800
年	1200	1400	1600	1800	2000	2200
人口（万人）	8200	9500	10500	11200	11800	12200

(1) 0年を $t=0$ とし，200年を1として，人口 N は微分方程式 $(*)$ にしたがって増加するとき，$N(0), N(1)$ の値から $N = N(t)$ を求めよ．

(2) (1) で求めた $N(t)$ の値と上の数値を比べてみよう．

解答 (1) 微分方程式 $\dfrac{dN}{dt} = kN$ を解くと

$$N = Ce^{kt}$$

ここで，$C = N(0) = 1400, e^k = 2000/1400$ であるから

$$N = N(t) = 1400 \times (20/14)^t$$

(2) 下図より，(1) で求めた微分方程式の解は年とともに急激に増加する．一方で，人口が急激に増加しなくなるのは，食料や住環境による制約が働くものと考えられる．

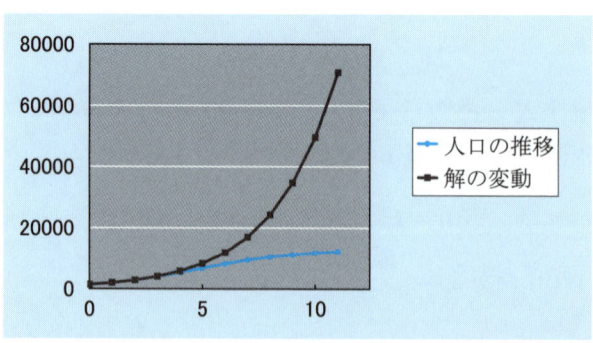

2.2.2 ベアフルストの人口論

例題 2.4 ───────────ベアフルストの人口論─

マルサスの人口論では人口は指数関数的に急激に増加することになる．そこで，ベアフルストはマルサスの人口論を修正して，人口 N には上限 N_∞ が存在し，人口増加率は，N および $(N_\infty - N)/N_\infty$ に比例するとした．すなわち，人口 $N = N(t)$ は，微分方程式

$$\frac{dN}{dt} = kN\left(1 - \frac{N}{N_\infty}\right)$$

にしたがって増加する．
(1) この微分方程式の解を求めよ．
(2) 例題 2.3 における $N(0), N(1)$ および $N_\infty = 14000$ として，解を求めよ．
(3) 解 $y = N(t)$ のグラフを書いて，そのグラフが S 型曲線であることを確認しよう．

解答 (1) 微分方程式を変形して

$$\frac{N_\infty dN}{N(N_\infty - N)} = k\,dt$$

左辺の被積分関数を部分分数に展開すると

$$\frac{dN}{N} - \frac{dN}{N - N_\infty} = k\,dt$$

両辺を積分すると

$$\log N - \log|N - N_\infty| = kt + c$$

左辺は $\log(N/N_\infty - N)$ であるから

$$\log\left(\frac{N}{N_\infty - N}\right) = kt + c,$$

$$\frac{N}{N_\infty - N} = e^{kt+c} = e^c e^{kt} = Ce^{kt} \qquad (C = e^c)$$

ここで，$t = 0, t = 1$ とすると

第 2 章　1 階微分方程式

$$\frac{N(0)}{N_\infty - N(0)} = C,$$

$$\frac{N(1)}{N_\infty - N(1)} = Ce^k$$

したがって

$$\frac{N}{N_\infty - N} = \frac{N(0)}{N_\infty - N(0)} \left(\frac{N(1)(N_\infty - N(0))}{N(0)(N_\infty - N(1))} \right)^t$$

(2)　$N(0) = 1400, N(1) = 2000, N_\infty = 14000$ であるから

$$\frac{N}{14000 - N} = \frac{1400}{14000 - 1400} \left(\frac{2000(14000 - 1400)}{1400(14000 - 2000)} \right)^t,$$

$$N = N(t) = \frac{14000}{1 + \dfrac{14000 - 1400}{1400} \left(\dfrac{2000(14000 - 1400)}{1400(14000 - 2000)} \right)^{-t}}$$

(3)

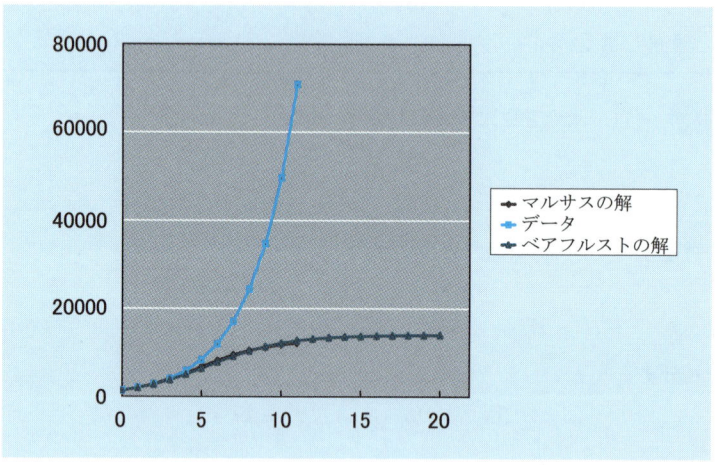

このグラフから，ベアフルストの解はデータに良く一致していることがわかる．

2.2.3 雨粒の速さ

例題 2.5 ─────────────────────── 雨粒の速さ ─

空から落ちてくる雨粒は速度に比例する抵抗を受けながら重力によって地上に落ちてくる．雨粒の重さを m とすると，時刻 t のときの速度 v は

$$m\frac{dv}{dt} = mg - kv$$

で与えられる．ここに，k は定数である．$t=0$ のときの速度を v_0 としたとき，$t \to \infty$ のときの速度を求めよ．

解答 微分方程式の変数を分離すると

$$\frac{dv}{(mg/k) - v} = \frac{k}{m}\,dt$$

よって，両辺を v または t で積分すると

$$-\log\left(\frac{mg}{k} - v\right) = \frac{k}{m}t + c$$

ここで，$t=0, v=v_0$ として，c を求めると

$$c = -\log\left(\frac{mg}{k} - v_0\right)$$

したがって

$$-\log\left(\frac{mg}{k} - v\right) = \frac{k}{m}t - \log\left(\frac{mg}{k} - v_0\right),$$

$$\frac{(mg/k) - v}{(mg/k) - v_0} = e^{-(k/m)t}$$

これより

$$\lim_{t\to\infty} v = \frac{mg}{k}$$

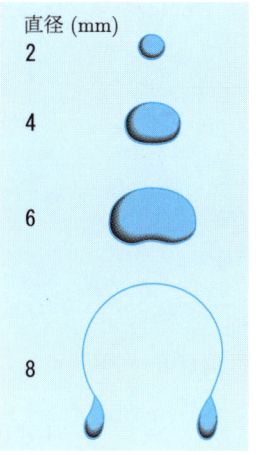

補足 雨粒の大きさはほぼ 0.1〜3 mm 程度である．雨粒が小さいときには球の形をしているといわれている．しかしながら，雨粒が比較的大きくなると，下の面が空気の抵抗を受けてやや平らになった饅頭のような形をするとされている．雨粒の生長段階で直径が 8 mm を超えるといくつかの小さい雨粒に分かれてしまう．また，地上付近での速度は 9 m/sec 程度である．

2.2.4 死亡時刻の推定

> **例題 2.6** ――――――――――――――――――― 死亡時刻の推定 ―
> ある夜の 10 時に殺人事件の被害者の死体が駐車場で発見された．そのときの死体の体温は 31 度であった．綿密な調査が続き，1 時間後に再び死体の体温を測ると 29 度であった．外気温は一定で 10 度と考えられた．死体の推定時間を求めよ．

解答 死体の体温を $T(t)$ 度とすると，その変化率 $T'(t)$ は $T(t) - 10$ に比例する．そこで，比例定数を k とすると微分方程式

$$T'(t) = -k\{T(t) - 10\}$$

が得られる．これを解くと

$$T(t) - 10 = e^{-k(t-t_0)}\{T(t_0) - 10\}$$

ここに，t_0 は死亡時刻を表す．t_0 での体温 $T(t_0)$ を 36 度とすると

$$31 - 10 = e^{-k(10-t_0)}(36 - 10)$$

$$29 - 10 = e^{-k(11-t_0)}(36 - 10)$$

よって

$$\frac{31-10}{29-10} = e^k$$

だから

$$T(t) - 10 = \left(\frac{31-10}{29-10}\right)^{-(t-t_0)}(36-10)$$

再び，$T(10) = 31$ から

$$31 - 10 = \left(\frac{31-10}{29-10}\right)^{-(10-t_0)}(36-10)$$

$$t_0 = 10 + \frac{\log\dfrac{31-10}{36-10}}{\log\dfrac{31-10}{29-10}} = 7.866$$

したがって，死亡推定時間は午後 7.87 時，つまり午後 7 時 52 分と考えられる．

2.2 微分方程式の応用

2.2.5 電気回路

例題 2.7 ──────────────────────── 電気回路 ─

起電力 $E(t) = E_0 \sin \omega t$, 抵抗 R, インダクタンス L のコイルからなる電気回路を流れる電流 I を求めよ.

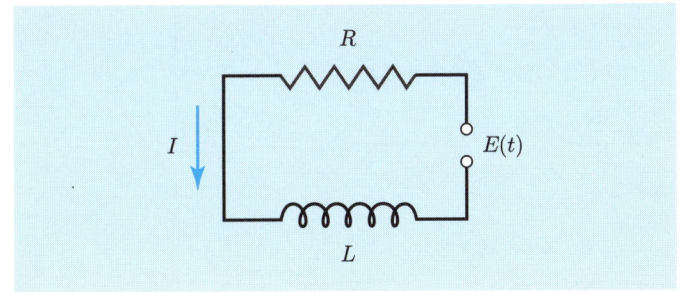

解答 キルヒホッフの法則から, 微分方程式

$$E(t) = RI + L\frac{dI}{dt}$$

を満足する. よって

$$\frac{dI}{dt} + \frac{R}{L}I = \frac{E_0}{L}\sin\omega t$$

両辺に $e^{\int (R/L)dt}$ をかけると

$$\left(e^{(R/L)t}I\right)' = \frac{E_0}{L}e^{(R/L)t}\sin\omega t$$

したがって

$$e^{(R/L)t}I = \frac{E_0}{L}\int e^{(R/L)t}\sin\omega t\ dt$$

これより

$$\begin{aligned}
I &= \frac{E_0}{L}e^{-(R/L)t}\left(\int e^{(R/L)t}\sin\omega t\ dt\right) \\
&= \frac{E_0}{L((R/L)^2 + \omega^2)}\left(\frac{R}{L}\sin\omega t - \omega\cos\omega t + C\right)
\end{aligned}$$

2.2.6 曲線の追跡

例題 2.8 ──────────────── 曲線の追跡 (I)

曲線上の点 $P(x,y)$ における接線が OP に直交するような曲線を求めよ．

解答 曲線上の点 $P(x,y)$ における接線の傾きは
$$\frac{dy}{dx}$$
である．これが OP の傾きと直交するので

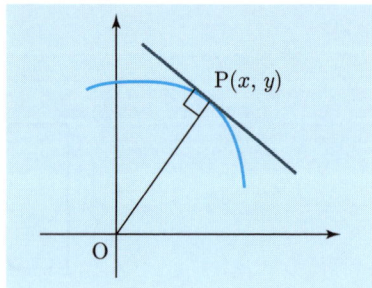

$$\frac{dy}{dx} \times \frac{y}{x} = -1$$

変数を分離すると

$$y\, dy = -x\, dx$$

よって

$$\frac{y^2}{2} = -\frac{x^2}{2} + C$$

$2C = a^2$ とおくと

$$x^2 + y^2 = a^2$$

よって，求める曲線は原点を中心とする円である．

問 題

2.2 曲線上の点 $P(x,y)$ における接線が x 軸と交わる点を A とする．曲線 AP の x 軸への射影（接線影）が一定となるような曲線を求めよ．

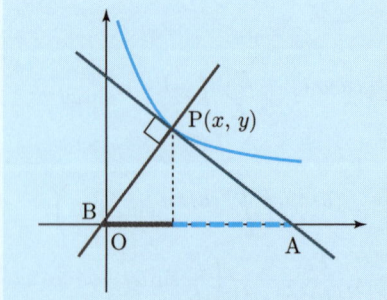

2.3 曲線上の点 $P(x,y)$ における法線が x 軸と交わる点を B とする．曲線 BP の x 軸への射影（法線影）が一定となるような曲線を求めよ．

2.2 微分方程式の応用

例題 2.9 ────────────────── 曲線の追跡 (II) ─

曲線群 $y = cx^2$ に直交するような曲線を求めよ．

解答 曲線 $y = cx^2$ 上の点 $P(x, y)$ における接線の傾きは，$c = \dfrac{y}{x^2}$ に注意して

$$y' = 2cx = 2\frac{y}{x^2}x = \frac{2y}{x}$$

である．求める曲線上の点 $P(x, y)$ における接線の傾きは

$$\frac{dy}{dx} = -\frac{x}{2y}$$

よって，変数を分離すると

$$y\,dy = -\frac{x}{2}\,dx$$

両辺をそれぞれ y, x で積分すると

$$\frac{y^2}{2} = -\frac{x^2}{4} + C$$

$4C = a^2$ とおくと

$$x^2 + 2y^2 = a^2 \qquad \therefore \quad \frac{x^2}{a^2} + \frac{y^2}{(a/\sqrt{2})^2} = 1$$

よって，求める曲線は楕円である．

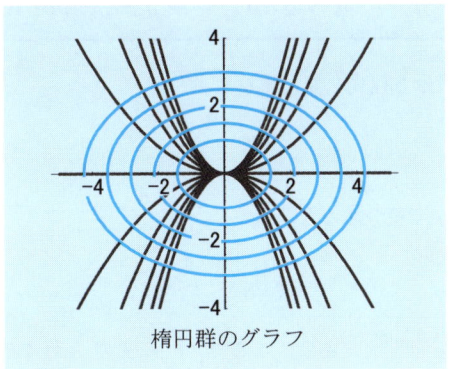

楕円群のグラフ

問題

2.4 曲線群 $xy = c$ に直交するような曲線を求めよ．

2.3 微分方程式の近似解（オイラー法）

　微分方程式の解を，初等関数などによって表すことができれば，Excel などを用いてグラフを描くとその振る舞いがよくわかるであろう．一般に，微分方程式の解を初等関数などを用いて表すことは容易でない．そこで，真の解が初等関数で表される場合に，**オイラー法**を利用して，微分方程式の近似解のグラフを作成し，近似解と真の解とを比較してみよう．

例題 2.10 ────────────────────────── オイラー法

微分方程式 $y' = xy$ を考える．
(1) $y(0) = 1$ となる解を求めよ．
(2) h が小さいとき，$y' \fallingdotseq \dfrac{y(x+h) - y(x)}{h}$ に注意すると

$$\frac{y(x+h) - y(x)}{h} \fallingdotseq xy(x)$$

$y(nh) = y_n$ とおくと，$\{y_n\}$ は漸化式

$$y_{n+1} - y_n = (nh^2)y_n$$

を満足する．$\{y_n\}$ の散布図と (1) の解 $y = y(x)$ のグラフを比較しよう．

---

 (1)　微分方程式を変形すると

$$\frac{dy}{y} = x\,dx$$

両辺をそれぞれ x, y で積分すると

$$\log|y| = \frac{x^2}{2} + c$$

したがって，$y = \pm e^{x^2/2 + c}$ である．ここで，$C = \pm e^c$ とおくと

$$y = Ce^{x^2/2}$$

初期条件 $y(0) = C = 1$ に注意すると

2.3 微分方程式の近似解（オイラー法）

$$y = e^{x^2/2}$$

(2) $y_0 = 1, y_{n+1} = y_n + (nh)y_n$. $h = 0.1$ として，$\{y_n\}$ の散布図を描こう（下図左）．

また，$h = 0.01$ のとき，下図右となる．

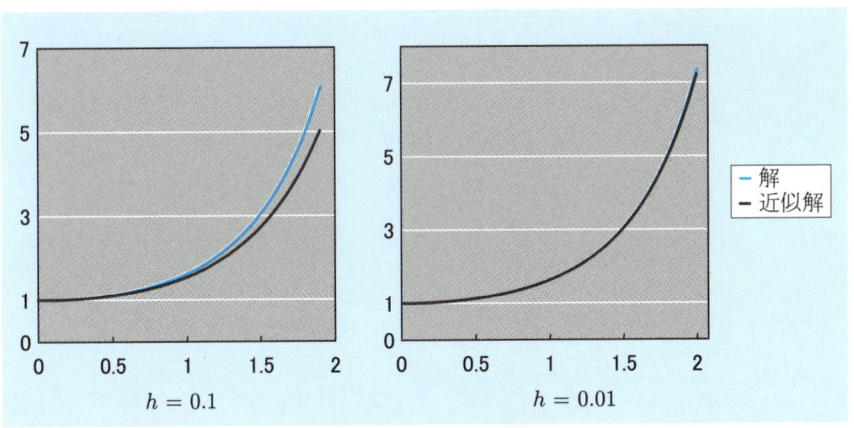

$h = 0.1$ 　　　　$h = 0.01$

これらの図からわかるように，h を小さくすれば，近似解は実際の解にほぼ一致する．

問 題

2.5 次の微分方程式の解を求め，対応する漸化式の散布図と比較せよ．

(1) $y' = \sin x$ 　　$(y(0) = 1)$

(2) $xy' = 2y$ 　　$(y(1) = 3)$

2.4　1階線形微分方程式

y と y' についての1次式

$$y' + p(x)y = q(x) \qquad (*)$$

を 1 階線形微分方程式という．

[I]　$q(x) = 0$ のとき

$q(x) = 0$ のとき，$(*)$ は

$$y' + p(x)y = 0$$

となる．このとき，線形同次であるという．これを

$$y' = -p(x)y \qquad (**)$$

と変形すると，変数分離形である．そこで，変数を分離して積分すると

$$\int \frac{1}{y}\,dy = \int (-p(x))\,dx$$

$P(x) = \int p(x)\,dx$ とおき，積分定数 c を付加すると

$$\log|y| = -P(x) + c$$

すなわち

$$y = \pm e^{-P(x)+c} = \pm e^c e^{-P(x)}$$

そこで，$\pm e^c$ を定数 C とおくと，一般解

$$y = Ce^{-P(x)} \qquad (**)$$

を得る．

[II]　一般のとき

解 $(**)$ において，$C = C(x)$ とおくと

$$y = C(x)e^{-P(x)}$$

2.4 1階線形微分方程式

これを $(*)$ に代入すると

$$\left\{C'(x)e^{-P(x)} + C(x)e^{-P(x)}(-P'(x))\right\} + p(x)y = q(x)$$

ここで，$P'(x) = p(x)$, $C(x)e^{-P(x)} = y$ に注意すると

$$C'(x)e^{-P(x)} + y(-P(x)) + p(x)y = q(x),$$
$$C'(x)e^{-P(x)} = q(x)$$

となる．したがって

$$C'(x) = e^{P(x)}q(x)$$

両辺を x について積分すると

$$C(x) = \int e^{P(x)}q(x)\,dx + C$$

ここに，C は積分定数である．

[III] [I] と [II] より微分方程式 $(*)$ の解は

$$y = \left(\int e^{P(x)}q(x)\,dx + C\right)e^{-P(x)}$$

で与えられる．

このような方法は**定数変化法**と呼ばれる．

一方，線形微分方程式 $(*)$ において，もし1つの解 $y_0(x)$ が求まれば，任意の解 $y(x)$ に対して，$z(x) = y(x) - y_0(x)$ を考える．このとき

$$\begin{aligned}z'(x) &= y'(x) - y_0'(x) \\ &= \{-p(x)y(x) + q(x)\} - \{-p(x)y_0(x) + q(x)\} \\ &= -p(x)\{y(x) - y_0(x)\} = -p(x)z(x)\end{aligned}$$

よって，$z(x)$ は $(**)$ の解であるから，$z(x) = Ce^{-P(x)}$ である．したがって，$(*)$ の一般解は

$$y(x) = y_0(x) + Ce^{-P(x)}$$

で与えられる．実際，[III] において

$$y_0(x) = e^{-P(x)}\int e^{P(x)}q(x)\,dx$$

は1つの解である．

例題 2.11 ──── 1階線形微分方程式

微分方程式 $y' + xy = x$ を考える．
(1) 定数変化法で一般解を求めよ．
(2) 初期条件 $y(0) = 2$ を満たす解を求めよ．
(3) (2) の真の解とオイラー法による近似解を比較しよう．

解答 (1) 定数変化法において

[I] 微分方程式 $(*)$ において $q(x) = 0$，すなわち

$$y' + xy = 0$$

を解く．変数を分離して

$$\frac{1}{y} y' = -x$$

積分すると

$$\int \frac{dy}{y} = \int (-x)\, dx$$

よって

$$\log |y| = -\frac{x^2}{2} + c$$

したがって，$y = \pm e^{-x^2/2 + c}$ であるから，$C = \pm e^c$ とおくと求める解は

$$y = C e^{-x^2/2}$$

[II] $C = z(x)$ とおくと

$$y = z e^{-x^2/2}$$

これを，微分方程式に代入すると

$$\left(z' e^{-x^2/2} + z e^{-x^2/2}(-x) \right) + xy = x$$

よって

$$z' = x e^{x^2/2}$$

積分すると

$$z = \int x e^{x^2/2}\, dx = e^{x^2/2} + C$$

[III]　求める一般解は
$$y = ze^{-x^2/2} = \left(e^{x^2/2} + C\right)e^{-x^2/2} = 1 + Ce^{-x^2/2}$$

(2)　$y(0) = 1 + C = 2$ から
$$C = 1$$
すなわち
$$y = 1 + e^{-x^2/2}$$

(3)　(2) の解と $h = 0.1$ のときの近似解のグラフは下図のようになる.

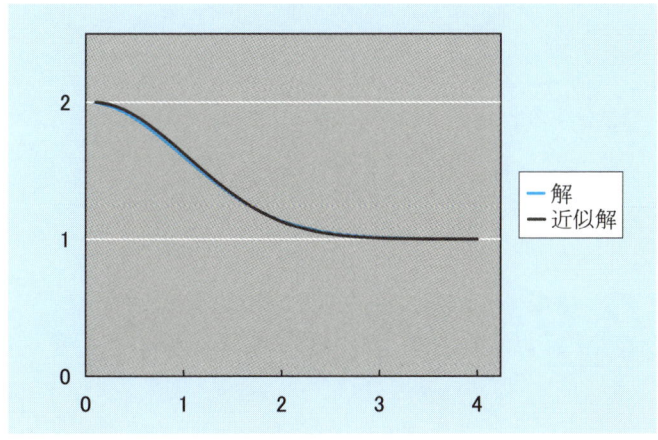

問　題

2.6　微分方程式 $y' + y = x^2$ を考える.
　　(1)　定数変化法で一般解を求めよ.
　　(2)　初期条件 $y(0) = 1$ を満たす解を求めよ.
　　(3)　(2) の真の解とオイラー法による近似解を比較しよう.

2.5 積分因子

1階線形微分方程式
$$y' + p(x)y = q(x)$$
について,両辺に $e^{\int p(x)dx}$ をかけると
$$e^{\int p(x)dx}y' + e^{\int p(x)dx}p(x)y = e^{\int p(x)dx}q(x)$$
よって
$$\left(e^{\int p(x)dx}y\right)' = e^{\int p(x)dx}q(x)$$
両辺を x で積分すると
$$e^{\int p(x)dx}y = \int e^{\int p(x)dx}q(x)\,dx + C$$
よって

$$y = e^{-\int p(x)dx}\left(\int e^{\int p(x)dx}q(x)\,dx + C\right)$$

となり,前節と同じ公式を得る.

例題 2.12 ———————————————— 積分因子 ——

微分方程式 $y' + \dfrac{y}{x} = x$ を考える.
(1) $p(x) = \dfrac{1}{x}$ として,$e^{\int p(x)dx}$ を求めよ.
(2) 微分方程式に $e^{\int p(x)dx}$ をかけよ.
(3) 微分方程式の一般解を求めよ.

解答 (1) $\displaystyle\int p(x)dx = \log|x|$ だから
$$e^{\int p(x)dx} = |x|$$

(2) (1) の結果から，とくに，x をかけると
$$xy' + y = x^2$$

(3) (2) から
$$(xy)' = x^2$$
両辺を x で積分すると
$$xy = \frac{x^3}{3} + C$$
よって
$$y = \frac{x^2}{3} + \frac{C}{x}$$

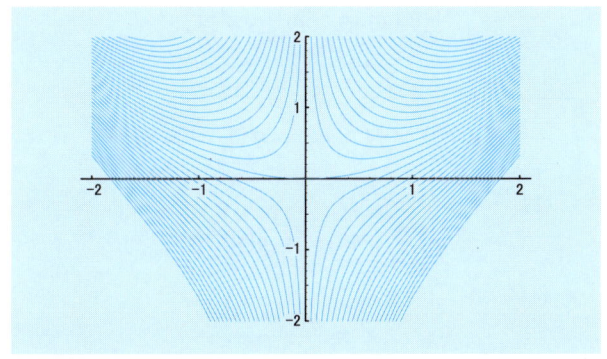

問 題

2.7 微分方程式 $y' + y = e^x$ を考える．
 (1) $p(x) = 1$ として，$e^{\int p(x)dx}$ を求めよ．
 (2) 微分方程式に $e^{\int p(x)dx}$ をかけよ．
 (3) 微分方程式の一般解を求めよ．

2.6 同次形

微分方程式
$$y' = f(x, y) \tag{*}$$
において
$$f(kx, ky) = f(x, y) \tag{**}$$
のとき，微分方程式は**同次形**であるという．このとき
$$y(x) = xz(x)$$
とおくと
$$y'(x) = z(x) + xz'(x)$$
また，(**) より
$$f(x, y) = f(x, xz) = f(1, z) \equiv g(z)$$
に注意すると，(*) は
$$z + xz' = g(z)$$
と変形される．したがって
$$z' = \frac{g(z) - z}{x}$$
となり，変数分離形になる．

例題 2.13 ───────────────────── 同次形 ─

微分方程式 $y' = \dfrac{x^2 + y^2}{2xy}$ を考える．

(1) $y = xz$ とおいて，z についての微分方程式を作れ．
(2) 微分方程式の一般解を求めよ．

解答 (1) $y'(x) = z(x) + xz'(x)$ より
$$z + xz' = \frac{x^2 + y^2}{2xy} = \frac{x^2 + x^2 z^2}{2x^2 z} = \frac{1 + z^2}{2z}$$

2.6 同次形

したがって
$$xz' = \frac{1-z^2}{2z}$$
となり，変数分離形になる．

(2) (1) から
$$xz' = \frac{1-z^2}{2z}$$
これは変数分離形である．そこで，変数を分離して
$$\frac{2z}{1-z^2}dz = \frac{1}{x}dx$$
両辺を積分すると
$$\int \frac{2z}{z^2-1}\,dz = \int \left(-\frac{1}{x}\right)\,dx$$
よって
$$\log|z^2-1| = -\log|x| + c$$
対数をはずすと
$$z^2 - 1 = \pm e^c \frac{1}{x}$$
である．$C = \pm e^c$ とおくと
$$z^2 - 1 = \frac{C}{x}$$
$z = \frac{y}{x}$ とおくと
$$y^2 - x^2 = Cx$$

問題

2.8 微分方程式 $y' = \dfrac{2x+y}{x}$ を考える．

(1) $y = xz$ とおいて，z についての微分方程式を作れ．

(2) 微分方程式の一般解を求めよ．

2.9 微分方程式 $y' = \dfrac{2xy}{x^2+2y^2}$ を考える．

(1) $y = xz$ とおいて，z についての微分方程式を作れ．

(2) 微分方程式の一般解を求めよ．

2.7 完全形

微分方程式

$$\frac{dy}{dx} = f(x,y) = -\frac{P(x,y)}{Q(x,y)}$$

を，**全微分形**

$$P(x,y)dx + Q(x,y)dy = 0 \qquad (*)$$

に変形する．このとき，条件

$$P_y(x,y) = Q_x(x,y) \qquad (**)$$

を満たすとき，**完全形**という．

完全形の微分方程式 (*) において

$$f(x,y) = \int P(x,y)dx + u(y)$$

とおくと

$$f_x = P$$

そこで，$f_y = Q$ となるように，$u(y)$ を決めると，解は

$$f(x,y) = C \quad (C : 定数)$$

で与えられる．実際，この式を x で微分すると

$$f_x dx + f_y dy = 0$$

このとき，$f_x = P, f_y = Q$ だから

$$Pdx + Qdy = 0$$

となり，(*) を満たす．

2.7 完全形

例題 2.14 ─────────────────────── 完全形 ─

全微分形
$$(2y-x)dx + (y+2x)dy = 0$$
について
(1) 完全形であることを示せ.
(2) $f(x,y) = \int P(x,y)dx + u(y)$ において, $f_y = Q$ となるような $u(y)$ を求めよ.
(3) 微分方程式の一般解を求めよ.

解答 (1)
$$P(x,y) = 2y - x, \quad Q(x,y) = y + 2x$$
とすると
$$P_y(x,y) = 2, \quad Q_x(x,y) = 2$$
だから,完全形である.

(2)
$$f(x,y) = \int P(x,y)dx + u(y)$$
$$= 2xy - \frac{x^2}{2} + u(y)$$
より
$$f_y = 2x + u'(y) = Q(x,y)$$
となるとき
$$u'(y) = y$$
よって, $u(y) = \dfrac{y^2}{2}$

(3) 求める解は, $f(x,y) = C$, すなわち
$$2xy - \frac{x^2}{2} + \frac{y^2}{2} = C \quad (C: 定数)$$

問 題

2.10 全微分形
$$(y^3 - 3x^2y)dx + (3xy^2 - x^3)dy = 0$$
について

(1) 完全形であることを示せ.

(2) $f(x,y) = \int P(x,y)dx + u(y)$ とおいて
$$f_x = P, \quad f_y = Q$$
となるような $u(y)$ を求めよ.

(3) 微分方程式の一般解を求めよ.

2.11 全微分形
$$(e^{-x} + \sin y)dx + \cos y\, dy = 0$$
について

(1) 両辺に e^x をかけると, 完全形になることを示せ.

(2) $f(x,y) = \int e^x(e^{-x} + \sin y)\, dx + u(y)$ とおいて
$$f_x = e^x(e^{-x} + \sin y), \quad f_y = e^x \cos y$$
となるような $u(y)$ を求めよ.

(3) 微分方程式の一般解を求めよ.

2.8 ベルヌーイの微分方程式

微分方程式

$$y' + p(x)y = q(x)y^n \qquad (*)$$

を，ベルヌーイの微分方程式という．$n = 0, 1$ のときは線形微分方程式である．$n \neq 0, 1$ のとき，$z = y^{1-n}$ とおくと

$$y = z^{1/(1-n)}$$

だから

$$y' = \frac{1}{1-n} z^{1/(1-n)-1} z'$$

よって

$$\frac{1}{1-n} z^{1/(1-n)-1} z' + p(x) z^{1/(1-n)} = q(x) z^{n/(1-n)}$$

したがって

$$z' + (1-n)p(x)z = (1-n)q(x)$$

これは，1 階の線形微分方程式である．この解 z は 2.4 節または 2.5 節のように

$$z = e^{-(1-n)\int p(x)dx} \left\{ (1-n) \int e^{(1-n)\int p(x)dx} q(x)\, dx + C \right\}$$

で与えられる．

例（生物モデル） 生物の体重 w の増加率は

$$w' = aw^{2/3} - bw$$

で与えられる．右辺の第 1 項は，生物の表面積に比例して増加する量で，第 2 項は呼吸などによる体重のロスを表す．これを

$$w' + bw = aw^{2/3}$$

と変形するとベルヌーイの微分方程式になる．

例題 2.15 ——————————ベルヌーイの微分方程式—

ベルヌーイの微分方程式 $y' + y = 2xy^3$ について
(1) $z = y^{-2}$ とおいて，z についての微分方程式を求めよ．
(2) ベルヌーイの微分方程式の一般解を求めよ．

解答 (1) $y = z^{-1/2}$ だから
$$y' = (-1/2)z^{-1/2-1}z'$$
よって
$$(-1/2)z^{-3/2}z' + z^{-1/2} = 2xz^{-3/2}$$
したがって，$z' - 2z = -4x$ となる．

(2) 同次形 $z' - 2z = 0$ の解を求めると
$$z = Ce^{2x}$$
C を $C(x)$ と置き換えて，z の微分方程式に代入する（定数変化法）と
$$C'(x)e^{2x} + C(x)2e^{2x} - 2C(x)e^{x^2} = -4x$$
よって，$C'(x) = -4xe^{-2x}$．積分すると
$$C(x) = (2x+1)e^{-2x} + C$$
したがって，一般解は
$$z = \{(2x+1)e^{-2x} + C\}e^{2x} = 2x + 1 + Ce^{2x}$$
求める一般解は $y = \dfrac{1}{\sqrt{2x+1+Ce^{2x}}}$ となる．

問題

2.12 ベルヌーイの微分方程式 $y' + y = 2y^{2/3}$ について
  (1) $z = y^{1-2/3}$ とおいて，z についての微分方程式を求めよ．
  (2) ベルヌーイの微分方程式の一般解を求めよ．

2.9 リッカチの微分方程式

微分方程式

$$y' + p(x)y + q(x)y^2 = R(x)$$

を，リッカチの微分方程式という．ここで，1つの解（特殊解）$y_0(x)$ が求まったとしよう．このとき，$z = y - y_0$ とおくと

$$(z' + y_0') + p(z + y_0) + q(z + y_0)^2 = R$$

y_0 は解だから

$$y_0' + py_0 + qy_0^2 = R$$

この2つを引くと

$$z' + pz + q(z^2 + 2zy_0) = 0$$

よって

$$z' + (p + 2qy_0)z = -qz^2$$

これは，ベルヌーイの線形微分方程式である．

例題 2.16 ━━━━━━━━━━━━━━━━ リッカチの微分方程式

リッカチの微分方程式 $xy' - y + y^2 = x^2$ について
(1) $y_0 = x$ は解であることを示せ．
(2) $z = y - y_0$ が満足する微分方程式を求めよ．
(3) リッカチの微分方程式の一般解を求めよ．

解答 (1) $y_0 = x$ だから

$$xy_0' - y_0 + y_0^2 = x - x + x^2 = x^2$$

よって，y_0 は解である．
(2) $y = z + x$ をリッカチの微分方程式に代入すると

$$x(z' + 1) - (z + x) + (z + x)^2 = x^2$$

よって
$$xz' + (2x-1)z = -z^2$$

(3) $z = w^{-1}$ とおくと
$$-xw^{-2}w' + (2x-1)w^{-1} = -w^{-2}$$

よって
$$xw' - (2x-1)w = 1 \qquad (*)$$

同次形 $xw' - (2x-1)w = 0$ を解くために，変数を分離して積分すると
$$\int \frac{dw}{w} = \int \frac{2x-1}{x}\,dx$$

だから
$$\log|w| = 2x - \log|x| + c$$

よって，$w = Cx^{-1}e^{2x}$ である $(C = e^{\pm c})$．C を $C(x)$ とおいて，$(*)$ に代入すると
$$xC'(x)x^{-1}e^{2x} + xC(x)(-x^{-2}e^{2x} + x^{-1}2e^{2x}) - (2x-1)C(x)x^{-1}e^{2x} = 1$$

したがって
$$C'(x) = e^{-2x}$$

これを積分すると $C(x) = -\frac{1}{2}e^{-2x} + C$ となる．よって
$$w = \left(-\frac{1}{2}e^{-2x} + C\right)x^{-1}e^{2x} = -\frac{1}{2x} + Cx^{-1}e^{2x} = \frac{-1 + 2Ce^{2x}}{2x}$$

求める一般解は
$$y = z + y_0 = \frac{1}{w} + y_0 = \frac{2x}{-1 + 2Ce^{2x}} + x$$

問題

2.13 リッカチの微分方程式 $xy' + (2x-3)y + y^2 = 2x - 2$ について

(1) $y_0 = 1$ は解であることを示せ．

(2) $z = y - y_0$ が満足する微分方程式を求めよ．

(3) リッカチの微分方程式の一般解を求めよ．

2.10 クレローの微分方程式

微分方程式

$$y = xy' + f(y')$$

を，**クレローの微分方程式**という．

このとき，$p = y'$ とおくと

$$y = xp + f(p)$$

よって，両辺を x で微分すると

$$y' = p + xp' + f'(p)p'$$

$y' = p$ だから

$$xp' + f'(p)p' = 0$$

したがって，$p' = 0$ または $x = -f'(p)$ が得られる．

そこで，$p' = 0$ のとき，p は定数 C とおいて，一般解

$$y = Cx + f(C)$$

が得られる．さらに

$$\begin{cases} x = -f'(p) \\ y = xp + f(p) \end{cases}$$

この式で p を消去すると**特異解**が得られる．

> **例題 2.17** ─────────── クレローの微分方程式 ─
> クレローの微分方程式 $y = xy' + y'^2$ について
> (1)　$y' = p$ とおいて，x, y を p の式で表せ．
> (2)　微分方程式の一般解と特異解を求めよ．

解答　(1)　$y' = p$ とおくと
$$x = -f'(p) = -2p$$
また，$y = xp + f(p) = xp + p^2$

(2)　一般解は $p = C$ とおくと
$$y = Cx + C^2$$
さらに，(1) の式 $p = -\dfrac{x}{2}$ から，p を消去すると
$$y = xp + p^2 = -\dfrac{x^2}{2} + \dfrac{x^2}{4} = -\dfrac{x^2}{4}$$
これは特殊解である．

さて，直線群 $y = Cx + C^2$ は特異解 $y = -\dfrac{x^2}{4}$ の**包絡線**になっていることがわかる．

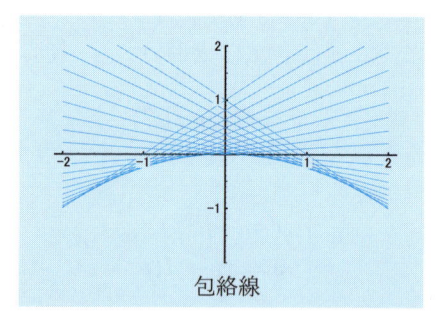

包絡線

問題

2.14　クレローの微分方程式 $y = xy' + \sqrt{y'^2 + 1}$ について
　　(1)　$y' = p$ とおいて，x, y を p の式で表せ．
　　(2)　微分方程式の一般解と特異解を求めよ．

2.15　曲線上の点 $P(x, y)$ における接線が x 軸，y 軸と交わる点を A, B とする．線分 AB の長さが一定となるような曲線を求めよ．

2.11 解の存在と一意性

微分方程式
$$\frac{dy}{dx} = f(x, y) \tag{*}$$
関数 $f(x, y)$ は $a \leqq x \leqq b, c \leqq y \leqq d$ 上で連続で，$y_1 < y_2$ のとき
$$|f(x, y_2) - f(x, y_1)| \leqq M|y_1 - y_2|$$
を満たす．ここに，M は定数である．(*) の両辺を x で積分すると
$$y(x) - y(x_0) = \int_{x_0}^{x} f(t, y(t))dt$$
したがって，解 $y(x)$ はこの等式を満足する．

> **定理 2.1** (**解の存在と一意性**) $a < x_0 < b$ と実数 y_0 に対して，区間 $(x_0 - \delta, x_0 + \delta) \subset (a, b)$ 上の関数 $y = y(x)$ で
> (1) $y = y(x)$ は (*) を満たす；
> (2) $y(x_0) = y_0$
> となるものがただ1つ存在する．

証明 初期値 y_0 から出発して，次々と近似解を構成しよう．
$$\begin{aligned}
y_0(x) &= y_0 \\
y_1(x) &= y_0 + \int_{x_0}^{x} f(t, y_0(t))\, dt \\
&\cdots \\
y_n(x) &= y_0 + \int_{x_0}^{x} f(t, y_{n-1}(t))\, dt \tag{**} \\
&\cdots
\end{aligned}$$

ここで，関数列 $\{y_n\}$ は解 $y(x)$ に収束することを示そう．このために，各自然数 n と $a < x < b$ に対して
$$|y_n(x) - y_{n-1}(x)| \leqq \frac{CM^{n-1}|x - x_0|^n}{n!} \tag{***}$$

を数学的帰納法を利用して示そう．ここに

$$C = \max\{|f(x,y)| : a \leqq x \leqq b, c \leqq y \leqq d\}$$

[I] $n=1$ のとき

$$|y_1(x) - y_0| \leqq \int_{x_0}^{x} |f(t, y(t))|\, dt \leqq C|x - x_0|$$

[II] $n=k$ のとき (∗∗∗) が成立すると仮定すると

$$y_k(x) = y_0 + \int_{x_0}^{x} f(t, y_{k-1}(t))\, dt,$$

$$y_{k+1}(x) = y_0 + \int_{x_0}^{x} f(t, y_k(t))\, dt$$

$x > x_0$ のとき

$$\begin{aligned}
|y_{k+1}(x) - y_k(x)| &\leqq \int_{x_0}^{x} |f(t, y_k(t)) - f(t, y_{k-1}(t))|\, dt \\
&\leqq \int_{x_0}^{x} M|y_k(t) - y_{k-1}(t)|\, dt \\
&\leqq \int_{x_0}^{x} M \frac{CM^{k-1}(t - x_0)^k}{k!}\, dt \quad \text{(帰納法の仮定)} \\
&\leqq \frac{CM^k}{k!} \left[\frac{(t - x_0)^{k+1}}{k+1} \right]_{x_0}^{x} = \frac{CM^k(x - x_0)^{k+1}}{(k+1)!}
\end{aligned}$$

$x < x_0$ のときも同様である．

(∗∗∗) より，$|x - x_0| < \delta$ のとき

$$\begin{aligned}
|y_{n+k}(x) - y_n(x)| &\leqq |y_{n+1}(x) - y_n(x)| + |y_{n+2}(x) - y_{n+1}(x)| + \cdots \\
&\quad + |y_{n+k}(x) - y_{n+k-1}(x)| \\
&\leqq \frac{CM^n \delta^{n+1}}{(n+1)!} + \frac{CM^{n+1} \delta^{n+2}}{(n+2)!} + \cdots + \frac{CM^{n+k-1} \delta^{n+k}}{(n+k)!}
\end{aligned}$$

ここで，$\sum_{n=0}^{\infty} \frac{M^n \delta^n}{n!} = e^{M\delta}$ に注意すると，関数列 $\{y_n\}$ は $|x - x_0| < \delta$ において一様収束する．この極限を $y(x)$ とすれば，(∗∗) において $n \to \infty$ のとき

$$y(x) = y_0 + \int_{x_0}^{x} f(t, y(t))\, dt$$

この等式の両辺を x で微分すれば，$y(x)$ は求める解であることがわかる．

2.11 解の存在と一意性

さて, $\widetilde{y}(x)$ も解とすると
$$y(x) = \widetilde{y}(x)$$
であることを示そう. このとき
$$y(x) = y_0 + \int_{x_0}^x f(t, y(t))\, dt,$$
$$\widetilde{y}(x) = y_0 + \int_{x_0}^x f(t, \widetilde{y}(t))\, dt$$
が成り立つので
$$|\widetilde{y}(x) - y(x)| = \left| \int_{x_0}^x \{f(t, \widetilde{y}(t)) - f(x, y(t))\}\, dt \right|$$
$f(x,t)$ の条件に注意すると
$$|\widetilde{y}(x) - y(x)| \leqq \int_{x_0}^x M|\widetilde{y}(t) - y(t)|\, dt$$
$z(x) = \displaystyle\int_{x_0}^x |\widetilde{y}(t) - y(t)|\, dt$ とおくと
$$z'(x) = |\widetilde{y}(x) - y(x)| \leqq Mz(x)$$
よって, $x > x_0$ のとき
$$\int_{x_0}^x \left(e^{-Mt} z(t)\right)'\, dt = \int_{x_0}^x e^{-Mt}\{-Mz(t) + z'(t)\}\, dt \leqq 0$$
$z(x_0) = 0$ だから
$$e^{-Mx} z(x) \leqq 0$$
すなわち
$$\int_{x_0}^x |\widetilde{y}(t) - y(t)|\, dt = z(x) \leqq 0$$
したがって, $x > x_0$ のとき, $\widetilde{y}(x) = y(x)$ である. $x < x_0$ のときも同様だから, 一意性が示される.

例題 2.18 ——逐次近似——

初期値問題
$$y' = 2xy, \qquad y(0) = 1$$
について
(1) 解を求めよ．
(2) $y_0(x) = 1$,
$$y_n(x) = 1 + \int_0^x f(t, y_{n-1}(t))\, dt$$
で定義される関数列 $\{y_n(x)\}$ が解に近づく様子を調べよう．

解答 (1) 変数分離形であるから
$$\frac{1}{y} dy = 2x\, dx$$
と変形する．よって
$$\log|y| = x^2 + c$$
$C = e^{\pm c}$ とおいて，一般解は
$$y = Ce^{x^2}$$
である．初期条件 $y(0) = 1$ から，$C = y(0) = 1$ だから，求める解は
$$y = e^{x^2}$$

(2) $y_0(x) = 1$ だから，順次
$$y_1(x) = 1 + \int_0^x 2t y_0(t)\, dt = 1 + x^2$$
$$y_2(x) = 1 + \int_0^x 2t y_1(t)\, dt = 1 + x^2 + \frac{x^4}{2}$$
$$y_3(x) = 1 + \int_0^x 2t y_2(t)\, dt = 1 + x^2 + \frac{x^4}{2} + \frac{x^6}{6}$$
$$y_4(x) = 1 + \int_0^x 2t y_3(t)\, dt = 1 + x^2 + \frac{x^4}{2} + \frac{x^6}{6} + \frac{x^8}{24}$$
$$y_5(x) = 1 + \int_0^x 2t y_4(t)\, dt = 1 + x^2 + \frac{x^4}{2} + \frac{x^6}{6} + \frac{x^8}{24} + \frac{x^{10}}{120}$$
...

2.11 解の存在と一意性

$\{y_n\}$ は，解

$$y = e^{x^2} = 1 + x^2 + \frac{x^4}{2!} + \frac{x^6}{3!} + \frac{x^8}{4!} + \frac{x^{10}}{5!} + \cdots$$
$$= 1 + x^2 + \frac{x^4}{2} + \frac{x^6}{6} + \frac{x^8}{24} + \frac{x^{10}}{120} + \cdots$$

に近づくことがわかる．

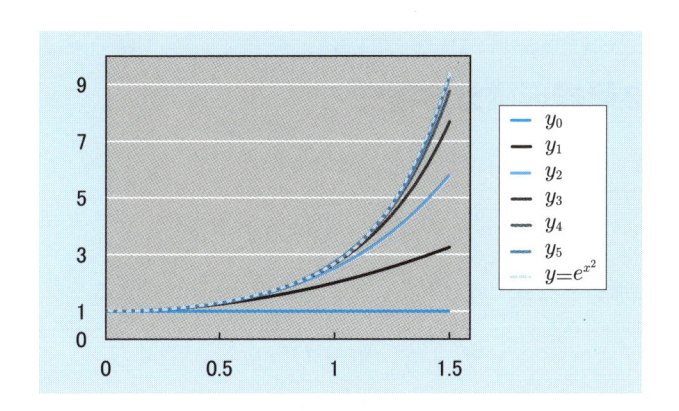

例題 2.19 ────────── 解の存在と一意性 ──

初期値問題

$$y' = \frac{2y}{x}, \qquad y(0) = 0$$

の解は一意でないことを示せ．

解答 変数を分離して積分すると

$$\int \frac{dy}{y} = \int \frac{2}{x}\, dx$$

よって，一般解は

$$y = Cx^2$$

これらの解は，初期条件 $y(0) = 0$ を満たすので，一意でない．

第3章

2階線形微分方程式

3.1 2階線形微分方程式

関数 $P(x), Q(x), R(x)$ について，微分方程式

$$y'' + P(x)y' + Q(x)y = R(x) \tag{*}$$

は **2階線形微分方程式** と呼ばれる．とくに，$R(x) = 0$ のとき

$$y'' + P(x)y' + Q(x)y = 0 \tag{**}$$

は**同次形**と呼ばれる．

微分方程式 (*) の2つの解 $y_1(x), y_2(x)$ に対して，2次の行列式

$$W[y_1, y_2](x) = \begin{vmatrix} y_1(x) & y_2(x) \\ y_1'(x) & y_2'(x) \end{vmatrix} = y_1 y_2'(x) - y_2(x) y_1'(x)$$

を**ロンスキー行列式**という．

> **定理 3.1** 同次形の微分方程式 (**) の2つの解 y_1, y_2 に対するロンスキー行列式は
> $$W[y_1, y_2](x) = W[y_1, y_2](x_0) e^{-\int_{x_0}^{x} P(t)\, dt}$$
> と表される．

3.1 2階線形微分方程式

証明 解 y_1, y_2 は (**) を満たすので

$$\left(W[y_1, y_2](x)\right)' = \begin{vmatrix} y_1' & y_2' \\ y_1' & y_2' \end{vmatrix} + \begin{vmatrix} y_1 & y_2 \\ y_1'' & y_2'' \end{vmatrix}$$

$$= \begin{vmatrix} y_1 & y_2 \\ y_1'' & y_2'' \end{vmatrix} = \begin{vmatrix} y_1 & y_2 \\ -Py_1' - Qy_1 & -Py_2' - Qy_2 \end{vmatrix}$$

$$= -P \begin{vmatrix} y_1 & y_2 \\ y_1' & y_2' \end{vmatrix} - Q \begin{vmatrix} y_1 & y_2 \\ y_1 & y_2 \end{vmatrix}$$

$$= -P \begin{vmatrix} y_1 & y_2 \\ y_1' & y_2' \end{vmatrix} = -PW[y_1, y_2](x)$$

行列式の性質を利用しないときには

$$\left(W[y_1, y_2](x)\right)' = \left(y_1 y_2' - y_1' y_2\right)'$$

$$= (y_1' y_2' + y_1 y_2'') - (y_1'' y_2 + y_1' y_2') = y_1 y_2'' - y_1'' y_2$$

$$= y_1(-Py_2' - Qy_2) - (-Py_1' - Qy_1)y_2$$

$$= -P(y_1 y_2' - y_1' y_2) = -PW[y_1, y_2](x)$$

よって，$W[y_1, y_2](x)$ は変数分離形の微分方程式の解であるから

$$W[y_1, y_2](x) = W[y_1, y_2](x_0) e^{-\int_{x_0}^{x} P(t)\, dt}$$

と表される． □

定理 3.2 同次形の微分方程式 (**) の 2 つの解 y_1, y_2 のロンスキー行列式 $W[y_1, y_2](x) \neq 0$ であれば，任意の解 y は

$$y = Ay_1 + By_2$$

と表される．このような解 y_1, y_2 は**基本解**と呼ばれる．

証明 y_1, y_2, y が解だから

$$\begin{vmatrix} y_1 & y_2 & y \\ y_1' & y_2' & y' \\ y_1'' & y_2'' & y'' \end{vmatrix} = \begin{vmatrix} y_1 & y_2 & y \\ y_1' & y_2' & y' \\ -Py_1'-Qy_1 & -Py_2'-Qy_2 & -Py'-Qy \end{vmatrix}$$

$$= -P \begin{vmatrix} y_1 & y_2 & y \\ y_1' & y_2' & y' \\ y_1' & y_2' & y' \end{vmatrix} - Q \begin{vmatrix} y_1 & y_2 & y \\ y_1' & y_2' & y' \\ y_1 & y_2 & y \end{vmatrix} = 0 \qquad (*)$$

仮定 $W[y_1, y_2] \neq 0$ に注意すると

$$\begin{bmatrix} y_1 & y_2 \\ y_1' & y_2' \end{bmatrix} \begin{bmatrix} A \\ B \end{bmatrix} = \begin{bmatrix} y \\ y' \end{bmatrix}$$

となる関数 A, B が存在する．そこで

$$C = Ay_1'' + By_2'' - y''$$

とおくと

$$\begin{bmatrix} y_1 & y_2 & y \\ y_1' & y_2' & y' \\ y_1'' & y_2'' & y''+C \end{bmatrix} \begin{bmatrix} A \\ B \\ -1 \end{bmatrix} = \begin{bmatrix} 0 \\ 0 \\ 0 \end{bmatrix}$$

$\begin{bmatrix} A \\ B \\ -1 \end{bmatrix} \neq \mathbf{0}$ だから，$\begin{vmatrix} y_1 & y_2 & y \\ y_1' & y_2' & y' \\ y_1'' & y_2'' & y''+C \end{vmatrix} = 0$ であることがわかる．このとき，$(*)$ から

$$\begin{vmatrix} y_1 & y_2 & y \\ y_1' & y_2' & y' \\ y_1'' & y_2'' & y''+C \end{vmatrix} = \begin{vmatrix} y_1 & y_2 & y \\ y_1' & y_2' & y' \\ y_1'' & y_2'' & y'' \end{vmatrix} + \begin{vmatrix} y_1 & y_2 & 0 \\ y_1' & y_2' & 0 \\ y_1'' & y_2'' & C \end{vmatrix}$$

$$= \begin{vmatrix} y_1 & y_2 & 0 \\ y_1' & y_2' & 0 \\ y_1'' & y_2'' & C \end{vmatrix} = C \begin{vmatrix} y_1 & y_2 \\ y_1' & y_2' \end{vmatrix} = CW[y_1, y_2]$$

$W[y_1, y_2] \neq 0$ から
$$C = 0$$
したがって
$$Ay_1 + By_2 - y = 0, \quad Ay_1' + By_2' - y' = 0$$
これらを微分すると
$$\begin{aligned}
0 = (Ay_1 + By_2 - y)' &= (Ay_1' + By_2' - y') + (A'y_1 + B'y_2) \\
&= A'y_1 + B'y_2, \\
0 = (Ay_1' + By_2' - y')' &= (Ay_1'' + By_2'' - y'') + (A'y_1' + B'y_2') \\
&= A'y_1' + B'y_2'
\end{aligned}$$
さらに $W[y_1, y_2] \neq 0$ に注意すると
$$A' = B' = 0$$
よって，A, B は定数で
$$Ay_1 + By_2 - y = 0$$
となる． □

3.2　2階定数係数微分方程式

定数 a, b と関数 $f(x)$ について，微分方程式
$$y'' + ay' + by = f(x) \tag{$*$}$$
は **2 階定数係数微分方程式**と呼ばれる．

微分方程式 $(*)$ は，$f(x) = 0$ のとき，**同次形**と呼ばれる．ここで，2 次方程式
$$\lambda^2 + a\lambda + b = 0$$
を**特性方程式**という．

> **定理 3.3** 同次形の微分方程式
> $$y'' + ay' + by = 0 \qquad (**)$$
> の一般解は
> (1) 特性方程式が異なる2つの実数解 α, β をもつとき
> $$y = Ae^{\alpha x} + Be^{\beta x}$$
> (2) 特性方程式が重解 α をもつとき
> $$y = (Ax + B)e^{\alpha x}$$
> (3) 特性方程式が虚数解 $p \pm \sqrt{-1}\, q$ をもつとき
> $$y = e^{px}(A\cos qx + B\sin qx)$$

証明 (1) α が特性方程式の解であれば
$$\alpha^2 + a\alpha + b = 0$$
$\left(e^{\alpha x}\right)' = \alpha e^{\alpha x}$ に注意すると
$$\left(e^{\alpha x}\right)'' + a\left(e^{\alpha x}\right)' + be^{\alpha x} = (\alpha^2 + a\alpha + b)e^{\alpha x} = 0$$
よって,$e^{\alpha x}$ は解である.同様に,$e^{\beta x}$ も解である.さらに,ロンスキー行列式
$$\begin{vmatrix} e^{\alpha x} & e^{\beta x} \\ \alpha e^{\alpha x} & \beta e^{\beta x} \end{vmatrix} = \beta e^{(\alpha+\beta)x} - \alpha e^{(\alpha+\beta)x} = (\beta - \alpha)e^{(\alpha+\beta)x} \neq 0$$
と定理 3.2 より,すべての解は
$$y = Ae^{\alpha x} + Be^{\beta x}$$

(2) α が特性方程式の重解であれば
$$\alpha^2 + a\alpha + b = 0, \quad \alpha = \frac{-a}{2}$$
よって

$$\left(xe^{\alpha x}\right)'' + a\left(xe^{\alpha x}\right)' + bxe^{\alpha x} = (\alpha^2 + a\alpha + b)xe^{\alpha x} + (2\alpha + a)e^{\alpha x} = 0$$

よって，$xe^{\alpha x}$ は解である．さらに，$e^{\alpha x}$ も解である．また，ロンスキー行列式

$$\begin{vmatrix} e^{\alpha x} & xe^{\alpha x} \\ \alpha e^{\alpha x} & \alpha x e^{\alpha x} + e^{\alpha x} \end{vmatrix} = (\alpha x e^{2\alpha x} + e^{2\alpha x}) - \alpha x e^{2\alpha x} = e^{2\alpha x} \neq 0$$

より，すべての解は

$$y = Axe^{\alpha x} + Be^{\alpha x} = (Ax + B)e^{\alpha x}$$

(3) $p \pm \sqrt{-1}\,q$ が特性方程式の虚数解であれば

$$p \pm \sqrt{-1}\,q = \frac{-a \pm \sqrt{a^2 - 4b}}{2}$$

よって

$$p = \frac{-a}{2}, \quad q = \frac{\sqrt{4b - a^2}}{2}$$

そこで

$$p^2 - q^2 + ap + b = \frac{a^2}{4} - \frac{4b - a^2}{4} + \frac{-a^2}{2} + b = 0$$

に注意すると

$$\left(e^{px}\cos qx\right)'' + a\left(e^{px}\cos qx\right)' + be^{px}\cos qx$$
$$= (p^2 - q^2 + ap + b)e^{px}\cos qx - (2pq + aq)e^{px}\sin qx = 0$$

よって，$e^{px}\cos qx$ は解である．同様に，$e^{px}\sin qx$ も解である．また，ロンスキー行列式

$$\begin{vmatrix} e^{px}\cos qx & e^{px}\sin qx \\ pe^{px}\cos qx - qe^{px}\sin qx & pe^{px}\sin qx + qe^{px}\cos qx \end{vmatrix} = qe^{2px} \neq 0$$

より，すべての解は

$$y = Ae^{px}\cos qx + Be^{px}\sin qx$$

□

例題 3.1 — 2階定数係数同次形微分方程式 (I)

同次形の微分方程式 $y'' - 2y' - 3y = 0$ について
(1) 特性方程式の解 α, β を求めよ．
(2) $y_1 = e^{\alpha x}, y_2 = e^{\beta x}$ のロンスキー行列式 $W[y_1, y_2](x) \neq 0$ を示せ．
(3) 微分方程式の任意の解 y は次のように表されることを示せ．
$$y = c_1 y_1 + c_2 y_2$$

解答 (1) 特性方程式は
$$\lambda^2 - 2\lambda - 3 = 0$$
だから，解は $\lambda = -1, 3$．

(2) $W[e^{-x}, e^{3x}](x) = \begin{vmatrix} e^{-x} & e^{3x} \\ (e^{-x})' & (e^{3x})' \end{vmatrix} = \begin{vmatrix} e^{-x} & e^{3x} \\ -e^{-x} & 3e^{3x} \end{vmatrix} = 4e^{2x} \neq 0$

(3) 定理 3.2 (cf. 定理 3.3 (1)) による．

例題 3.2 — 2階定数係数同次形微分方程式 (II)

同次形の微分方程式 $y'' - 4y' + 4y = 0$ について
(1) 特性方程式の重解 α を求めよ．
(2) $y_1 = e^{\alpha x}, y_2 = xe^{\alpha x}$ のロンスキー行列式 $W[y_1, y_2](x) \neq 0$ を示せ．
(3) 微分方程式の任意の解 y は次のように表されることを示せ．
$$y = c_1 y_1 + c_2 y_2$$

解答 (1) 特性方程式は
$$\lambda^2 - 4\lambda + 4 = 0$$
だから，重解は $\lambda = 2$．

(2) $W[e^{2x}, xe^{2x}](x) = \begin{vmatrix} e^{2x} & xe^{2x} \\ (e^{2x})' & (xe^{2x})' \end{vmatrix} = \begin{vmatrix} e^{2x} & xe^{2x} \\ 2e^{2x} & (1+2x)e^{2x} \end{vmatrix}$
$= e^{4x} \neq 0$

(3) 定理 3.2 (cf. 定理 3.3 (2)) による．

3.2　2階定数係数微分方程式

例題 3.3 ────────────── **2階定数係数同次形微分方程式 (III)**

同次形の微分方程式 $y'' - 2y' + 2y = 0$ について
(1) 特性方程式の解 $p \pm \sqrt{-1}\, q$ を求めよ．
(2) $y_1 = e^{px}\cos qx,\ y_2 = e^{px}\sin qx$ のロンスキー行列式
　　$W[y_1, y_2](x) \neq 0$ を示せ．
(3) 微分方程式の任意の解 y は

$$y = c_1 y_1 + c_2 y_2$$

と表されることを示せ．

解答　(1) 特性方程式は

$$\lambda^2 - 2\lambda + 2 = 0$$

だから，解は $\lambda = 1 \pm \sqrt{-1}$．

(2) $W[e^x \cos x, e^x \sin x](x) = \begin{vmatrix} e^x \cos x & e^x \sin x \\ (e^x \cos x)' & (e^x \sin x)' \end{vmatrix}$

$= \begin{vmatrix} e^x \cos x & e^x \sin x \\ e^x \cos x - e^x \sin x & e^x \sin x + e^x \cos x \end{vmatrix}$

$= e^{2x} \neq 0$

(3) 定理 3.2 (cf. 定理 3.3 (3)) による．

問　題

3.1 次の微分方程式を解け．
　(1) $y'' - y' - 2y = 0$
　(2) $y'' - 2y' + y = 0$
　(3) $y'' + 4y = 0$
　(4) $2y'' + 4y' + 3y = 0$

3.3　2階線形微分方程式の解法

2階線形微分方程式
$$y'' + P(x)y' + Q(x)y = R(x)$$
の解法について調べよう.

> **定理 3.4**　微分方程式
> $$y'' + P(x)y' + Q(x)y = R(x) \quad (*)$$
> について
> (1)　同次形微分方程式
> $$y'' + P(x)y' + Q(x)y = 0 \quad (**)$$
> の2つの解 y_1, y_2 のロンスキー行列式 $W[y_1, y_2](x) \neq 0$ とする.
> (2)　$(*)$ の1つの解を $y_0(x)$ とする.
> 　　このとき, $(*)$ の任意の解 y は
> $$y = Ay_1 + By_2 + y_0$$
> と表される. y_0 は**特殊解**と呼ばれる.

証明　y_0 は解だから
$$y_0'' + P(x)y_0' + Q(x)y_0 = R(x) \quad \cdots\cdots ①$$
そこで, $(*)$ の任意の解 y について
$$y'' + P(x)y' + Q(x)y = R(x) \quad \cdots\cdots ②$$
$z = y - y_0$ とおくと, ② $-$ ① から
$$z'' + P(x)z' + Q(x)z = 0$$

3.3 2階線形微分方程式の解法

よって，z は同次形 (**) の解だから，(1) の解 y_1, y_2 を用いて
$$z = Ay_1 + By_2$$
と表される．したがって
$$y - y_0 = Ay_1 + By_2$$

例題 3.4 ──────────────── 特殊解を用いた解法 ─

微分方程式 $y'' - 2y' - 3y = e^x$ について
(1) $y'' - 2y' - 3y = 0$ を解け．
(2) $y = ae^x$ が解となるように定数 a を定めよ．
(3) 微分方程式の一般解を求めよ．

解答 (1) 特性方程式
$$\lambda^2 - 2\lambda - 3 = 0$$
の解は $\lambda = -1, 3$ だから，同次形の一般解は
$$Ae^{-x} + Be^{3x}$$

(2) $y = ae^x$ を微分方程式に代入すると
$$ae^x - 2ae^x - 3ae^x = e^x$$
だから，$a = -\dfrac{1}{4}$．

(3) 一般解は
$$y = Ae^{-x} + Be^{3x} - \dfrac{1}{4}e^x$$

問題

3.2 微分方程式 $y'' - 2y' - 3y = e^{-x}$ について
(1) $y'' - 2y' - 3y = 0$ を解け．
(2) $y = axe^{-x}$ が解となるように定数 a を定めよ．
(3) 微分方程式の一般解を求めよ．

3.3 微分方程式 $y'' + y' - 2y = 2x^2 - 1$ について
(1) $y'' + y' - 2y = 0$ の一般解を求めよ．
(2) $y = ax^2 + bx + c$ が特殊解となるように定数 a, b, c を定めよ．
(3) 微分方程式の一般解を求めよ．

3.4 定数変化法

> **例題 3.5** ──────────────────── 定数変化法 ──
>
> 微分方程式 $y'' + P(x)y' + Q(x)y = R(x)$ について，同次形微分方程式
> $$y'' + Py' + Qy = 0$$
> の基本解を y_1, y_2 として
> $$y = C_1(x)y_1 + C_2(x)y_2$$
> とおく．
> $$\begin{cases} C_1'(x)y_1(x) + C_2'(x)y_2(x) = 0 & \cdots\cdots ① \\ C_1'(x)y_1'(x) + C_2'(x)y_2'(x) = R(x) & \cdots\cdots ② \end{cases}$$
> を満たすとき，y は微分方程式の解であることを示せ．

解答 $y = C_1(x)y_1 + C_2(x)y_2$ とすると，① から

$$\begin{aligned} y' &= \Big(C_1(x)y_1(x) + C_2(x)y_2(x)\Big)' \\ &= \{C_1'(x)y_1(x) + C_1(x)y_1'(x)\} + \{C_2'(x)y_2(x) + C_2(x)y_2'(x)\} \\ &= \{C_1'(x)y_1(x) + C_2'(x)y_2(x)\} + \{C_1(x)y_1'(x) + C_2(x)y_2'(x)\} \\ &= 0 + \{C_1(x)y_1'(x) + C_2(x)y_2'(x)\} \quad (\because ①) \\ &= C_1(x)y_1'(x) + C_2(x)y_2'(x) \end{aligned}$$

さらに，微分して

$$\begin{aligned} y'' &= \Big(C_1(x)y_1'(x) + C_2(x)y_2'(x)\Big)' \\ &= \{C_1'(x)y_1'(x) + C_1(x)y_1''(x)\} + \{C_2'(x)y_2'(x) + C_2(x)y_2''(x)\} \\ &= \{C_1'(x)y_1'(x) + C_2'(x)y_2'(x)\} + \{C_1(x)y_1''(x) + C_2(x)y_2''(x)\} \end{aligned}$$

よって

3.4 定数変化法

$$y'' + P(x)y' + Q(x)y$$
$$= \{C_1'(x)y_1'(x) + C_2'(x)y_2'(x)\} + C_1(x)\{y_1''(x) + P(x)y_1'(x) + Q(x)y_1\}$$
$$+ C_2(x)\{y_2''(x) + P(x)y_2'(x) + Q(x)y_2\}$$
$$= C_1'(x)y_1'(x) + C_2'(x)y_2'(x) = R(x)$$

よって, y は解である.

例題 3.6 ――――――――――――――――――――― 定数変化法 ―

微分方程式 $y'' - 2y' - 3y = e^{-x}$ について
(1) $y'' - 2y' - 3y = 0$ の基本解 y_1, y_2 を求めよ.
(2) 例題 3.5 の ①, ② を満たす C_1', C_2' を求めよ.
(3) 微分方程式の一般解を求めよ.

解答 (1) 特性方程式

$$\lambda^2 - 2\lambda - 3 = 0$$

を解くと, $\lambda = -1, 3$. よって, 基本解は

$$y_1 = e^{-x}, \quad y_2 = e^{3x}$$

(2) ①, ② から

$$\begin{bmatrix} y_1(x) & y_2(x) \\ y_1'(x) & y_2'(x) \end{bmatrix} \begin{bmatrix} C_1'(x) \\ C_2'(x) \end{bmatrix} = \begin{bmatrix} 0 \\ e^{-x} \end{bmatrix}$$

よって

$$\begin{bmatrix} C_1'(x) \\ C_2'(x) \end{bmatrix} = \begin{bmatrix} y_1(x) & y_2(x) \\ y_1'(x) & y_2'(x) \end{bmatrix}^{-1} \begin{bmatrix} 0 \\ e^{-x} \end{bmatrix}$$

ここで

$$\begin{bmatrix} y_1(x) & y_2(x) \\ y_1'(x) & y_2'(x) \end{bmatrix}^{-1} = \begin{bmatrix} e^{-x} & e^{3x} \\ -e^{-x} & 3e^{3x} \end{bmatrix}^{-1}$$

$$= \frac{1}{e^{-x}(3e^{3x}) - e^{3x}(-e^{-x})} \begin{bmatrix} 3e^{3x} & -e^{3x} \\ e^{-x} & e^{-x} \end{bmatrix}$$

$$= \frac{1}{4e^{2x}} \begin{bmatrix} 3e^{3x} & -e^{3x} \\ e^{-x} & e^{-x} \end{bmatrix}$$

に注意すると

$$\begin{bmatrix} C_1'(x) \\ C_2'(x) \end{bmatrix} = (4e^{2x})^{-1} \begin{bmatrix} 3e^{3x} & -e^{3x} \\ e^{-x} & e^{-x} \end{bmatrix} \begin{bmatrix} 0 \\ e^{-x} \end{bmatrix}$$

$$= (4e^{2x})^{-1} \begin{bmatrix} e^{2x} \\ e^{-2x} \end{bmatrix}$$

$$= \begin{bmatrix} -\frac{1}{4} \\ \frac{1}{4}e^{-4x} \end{bmatrix}$$

(3)
$$C_1(x) = \int \left(-\frac{1}{4}\right) dx - \frac{1}{4}x + A,$$
$$C_2(x) = \int \frac{1}{4}e^{-4x} dx = -\frac{1}{16}e^{-4x} + B$$

だから，一般解は

$$y = e^{-x}\left(-\frac{1}{4}x + A\right) + e^{3x}\left(-\frac{1}{16}e^{-4x} + B\right)$$
$$= -\frac{1}{4}xe^{-x} - \frac{1}{16}e^{-x} + Ae^{-x} + Be^{3x}$$

ここで，$-\frac{1}{16}e^{-x}$ は A の項に加えて，一般解は

$$y = -\frac{1}{4}xe^{-x} + Ae^{-x} + Be^{3x}$$

となる．

注意　$Ae^{-x} + Be^{3x}$ は微分方程式

$$y'' - 2y' - 3y = 0$$

の一般解である．一方，$-\frac{1}{4}xe^{-x}$ は，微分方程式

$$y'' - 2y' - 3y = e^{-x}$$

の 1 つの解（特殊解）である．これらの和が求める一般解である（定理 3.4）．

この例題では，特殊解を求める 1 つの方法を与えている．

3.4 定数変化法   **55**

> **例題 3.7**   ─ 定数変化法 ─
>
> 微分方程式 $y'' + 4y = \cos 2x$ について
> (1) $y'' + 4y = 0$ の基本解 y_1, y_2 を求めよ．
> (2) $y = C_1(x)y_1 + C_2(x)y_2$ が解となるように $C_1(x), C_2(x)$ を定めよ．
> (3) $y(0) = y'(0) = 1$ となる解を求めよ．

解答 (1) 特性方程式
$$\lambda^2 + 4 = 0$$
を解くと，$\lambda = \pm 2i$．よって，基本解は
$$y_1 = \cos 2x, \quad y_2 = \sin 2x$$

(2) ①，② から
$$\begin{bmatrix} y_1(x) & y_2(x) \\ y_1'(x) & y_2'(x) \end{bmatrix} \begin{bmatrix} C_1'(x) \\ C_2'(x) \end{bmatrix} = \begin{bmatrix} 0 \\ \cos 2x \end{bmatrix}$$

$$\begin{aligned}
C_1(x) &= \int \left(-\frac{1}{2} \cos 2x \sin 2x \right) dx \\
&= \int \left(-\frac{1}{4} \sin 4x \right) dx \\
&= \frac{1}{16} \cos 4x + A, \\
C_2(x) &= \int \frac{1}{2} \cos^2 2x \, dx \\
&= \int \frac{1}{4}(1 + \cos 4x) \, dx \\
&= \frac{1}{4} \left(x + \frac{\sin 4x}{4} \right) + B
\end{aligned}$$

(3) 一般解は
$$\begin{aligned}
y &= \left(\frac{1}{16} \cos 4x + A \right) \cos 2x + \left(\frac{1}{4} x + \frac{\sin 4x}{16} + B \right) \sin 2x \\
&= \frac{1}{16} (\cos 4x \cos 2x + \sin 4x \sin 2x) + \frac{1}{4} x \sin 2x + A \cos 2x + B \sin 2x
\end{aligned}$$

ここで

$$\frac{1}{16}(\cos 4x \cos 2x e^x + \sin 4x \sin 2x) = \frac{1}{16}\cos 2x$$

は A の項に含めると一般解

$$y = \frac{1}{4}x\sin 2x + A\cos 2x + B\sin 2x$$

が求まる．初期条件

$$y(0) = A = 1, \quad y'(0) = 2B = 1$$

を解くと $A = 1, B = \frac{1}{2}$ だから，求める解は

$$y = \frac{1}{4}x\sin 2x + \cos 2x + \frac{1}{2}\sin 2x$$

注意 $\frac{1}{4}x\sin 2x$ は，微分方程式

$$y'' + 4y = \cos 2x$$

の1つの解（特殊解）である．

この解を求める別の方法として，$y = x(a\cos 2x + b\sin 2x)$ を微分方程式に代入してみよう．このとき

$$4(-a\sin 2x + b\cos 2x) = \cos 2x$$

から，$a = 0, b = \frac{1}{4}$ となる．よって，特殊解 $y = \frac{1}{4}x\sin 2x$ が求まる．

問 題

3.4 微分方程式 $y'' - 2y' + y = e^x$ について
  (1) $y'' - 2y' + y = 0$ の基本解 y_1, y_2 を求めよ．
  (2) $y = C_1(x)y_1 + C_2(x)y_2$ が解となるように $C_1(x), C_2(x)$ を定めよ．
  (3) 微分方程式の一般解を求めよ．

3.5 定数 $\omega > 0$ に対して微分方程式 $y'' + \omega^2 y = \cos \omega x$ について
  (1) $y'' + \omega^2 y = 0$ の基本解 y_1, y_2 を求めよ．
  (2) $y = C_1(x)y_1 + C_2(x)y_2$ が解となるように $C_1(x), C_2(x)$ を定めよ．
  (3) 微分方程式の一般解を求めよ．

3.5 オイラー法

微分方程式の解を求めるのは難しい場合が多い．そこで，**オイラー法**を用いて，微分方程式の近似解を求める方法を紹介しよう．さらに，実際に解が求まる場合，近似解のグラフと実際の解が表すグラフとを比較してみる．

h が小さいとき
$$y' \fallingdotseq \frac{y(x+h) - y(x)}{h}$$
である．さらに
$$y'' = \lim_{h \to 0} \frac{y'(x+h) - y'(x)}{h} \fallingdotseq \frac{y'(x+h) - y'(x)}{h}$$
$$\fallingdotseq \frac{y(x+2h) - 2y(x+h) + y(x)}{h^2}$$

そこで，$x_n = a + nh, y(x_n) = y_n$ とおくと
$$y'(x_n) \fallingdotseq \frac{y(x_n + h) - y(x_n)}{h} = \frac{y_{n+1} - y_n}{h},$$
$$y''(x_n) \fallingdotseq \frac{y(x_n + 2h) - 2y(x_n + h) + y(x_n)}{h^2} = \frac{y_{n+2} - 2y_{n+1} + y_n}{h^2}$$

例題 3.8 ──────────────────────── オイラー法 ─

微分方程式 $y'' - 2y' - 3y = e^x, y(0) = y'(0) = 1$ を考える．
(1) 解を求めよ．
(2) $x_n = nh, y(x_n) = y_n$ とおいたとき，y_0, y_1 を求めよ．
(3) 数列 $\{y_n\}$ の散布図と (1) の解 $y = y(x)$ のグラフを比較しよう．

解答　(1) 例題 3.4 によると，一般解は
$$y = Ae^{-x} + Be^{3x} - \frac{1}{4}e^x$$
である．初期条件から
$$y(0) = A + B - \frac{1}{4} = 1, \quad y'(0) = -A + 3B - \frac{1}{4} = 1$$

これから，$A = \frac{5}{8}, B = \frac{5}{8}$ である．よって，解は
$$y = \frac{5}{8}e^{-x} + \frac{5}{8}e^{3x} - \frac{1}{4}e^x$$

(2) $y_0 = 1$．また，$y'(0) = \dfrac{y_1 - y_0}{h} = 1$ だから，$y_1 = y_0 + hy'(0) = 1 + h$ である．

(3) $$\frac{y_{n+2} - 2y_{n+1} + y_n}{h^2} - 2\frac{y_{n+1} - y_n}{h} - 3y_n = e^{nh}$$

から
$$y_{n+2} = 2y_{n+1} - y_n + 2h(y_{n+1} - y_n) + 3h^2 y_n + h^2 e^{nh}$$

$h = 0.1$ のとき，実際の解とその近似解はあまり一致しない（下図左）．

$h = 0.01$ のとき，$x = 1$ の近くまでは実際の解とその近似解はほとんど一致していることがわかる（下図右）．

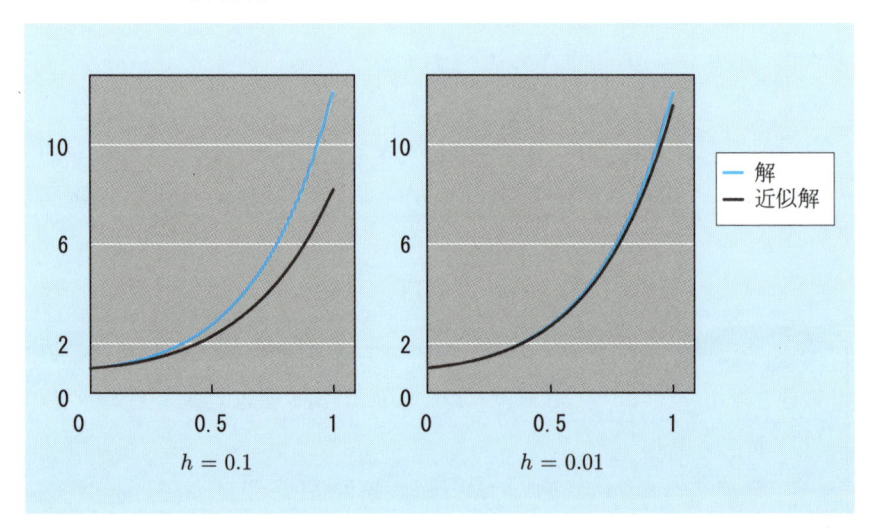

問題

3.6 次の微分方程式の解を求め，近似解のグラフと比較せよ．

(1) $y'' = \sin x$ $(y(0) = y'(0) = 1)$

(2) $y'' - y' - 2y = x^2$ $(y(0) = y'(0) = 1)$

3.6 微分方程式の応用

3.6.1 振り子の運動

例題 3.9 ──────────────── 振り子の運動 ─

長さ l, 質量 m の振り子の運動を考える. 右図の AP の長さは $r = l\theta$ で与えられる. ニュートンの運動方程式から

$$m\frac{d^2r}{dt^2} = -mg\sin\theta \quad (3.1)$$

(1) θ が小さいときには, $\sin\theta \fallingdotseq \theta$ である. そこで, 微分方程式

$$m\frac{d^2r}{dt^2} = -mg\theta \quad (3.2)$$

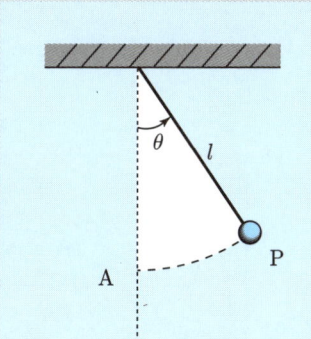

の一般解を求めよ.

(2) オイラー法により, 次の 2 つの近似解のグラフを比べよう.

$$\theta'' = -\theta, \quad \theta(0) = 0, \quad \theta'(0) = 1 \quad (3.3)$$

$$\theta'' = -\sin\theta, \quad \theta(0) = 0, \quad \theta'(0) = 1 \quad (3.4)$$

解答 (1) $r = l\theta$ より

$$\frac{dr}{dt} = l\frac{d\theta}{dt} = l\theta'$$

$\omega = \sqrt{\dfrac{g}{l}}$ とおくと

$$\theta'' + \omega^2\theta = 0$$

よって, 一般解は

$$\theta = A\cos\omega t + B\sin\omega t \quad (3.5)$$

(2) (3.2) の一般解は，$\theta = A\cos t + B\sin t$ であるので，初期条件から

$$\theta(0) = A = 0, \quad \theta'(0) = B = 1$$

よって，解は

$$\theta = \sin t$$

(3.3), (3.4) の近似解は，$\theta_0 = 0, \theta_1 = \theta_0 + h\theta'(0) = h$ として

$$\theta_{n+2} - 2\theta_{n+1} + \theta_n = -h^2 \theta_n, \tag{3.6}$$

$$\theta_{n+2} - 2\theta_{n+1} + \theta_n = -h^2 \sin\theta_n \tag{3.7}$$

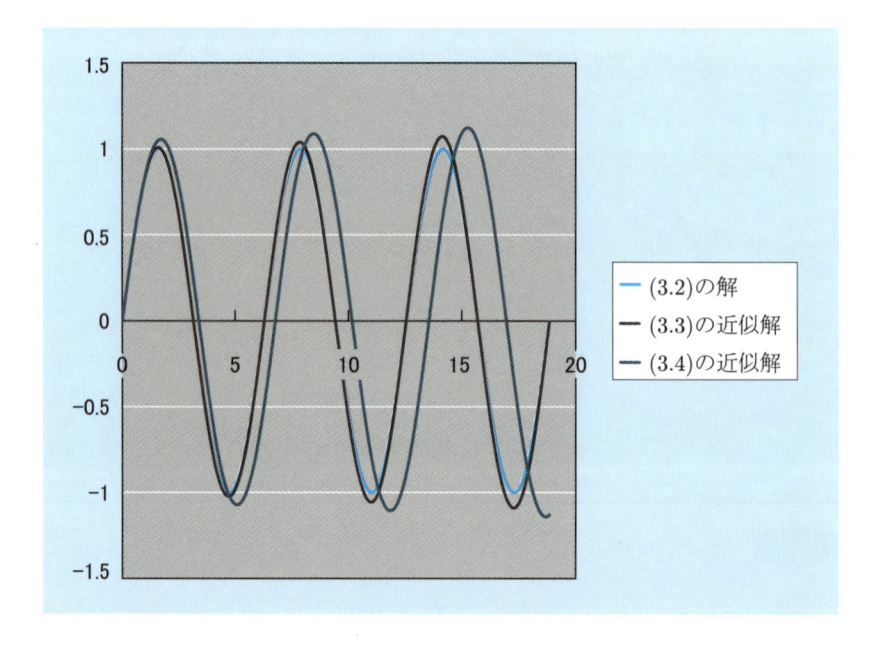

3.6 微分方程式の応用

3.6.2 減衰振動

例題 3.10 ─────────────────────── 減衰振動 ─

振り子などの運動において，空気による抵抗を受けると方程式は

$$\frac{d^2x}{dt^2} + a\frac{dx}{dt} + bx = f(t) \tag{3.8}$$

の形になると考えられる．$a = 2, b = 10, f(t) = 9e^{-t}$ として
(1) 一般解を求めよ．
(2) 初期条件 $x(0) = x'(0) = 3$ を満たす解を求めよ．
(3) 解は減衰振動することを確認しよう．

解答 (1) 特性方程式 $\lambda^2 + 2\lambda + 10 = 0$ の解は $\lambda = -1 \pm 3i$ であるので，同次形 $x'' + 2x' + 10x = 0$ の一般解は

$$x = e^{-t}(A\cos 3t + B\sin 3t)$$

である．特殊解を求めるために，$x_0 = Ce^{-t}$ を代入すると

$$Ce^{-t} + 2C(-e^{-t}) + 10Ce^{-t} = 9e^{-t}$$

これより，$C = 1$ とすればよい．よって，一般解は

$$x = e^{-t}(A\cos 3t + B\sin 3t) + e^{-t}$$

(2) 初期条件は

$$x(0) = A + 1 = 3,$$
$$x'(0) = -A + 3B - 1 = 3$$

よって，$A = 2, B = 2$ となるので，解は

$$x = 2e^{-t}(\cos 3t + \sin 3t) + e^{-t}$$

(3) 解のグラフは次のようになる．近似解もほぼ解と同じ振る舞いをしている．

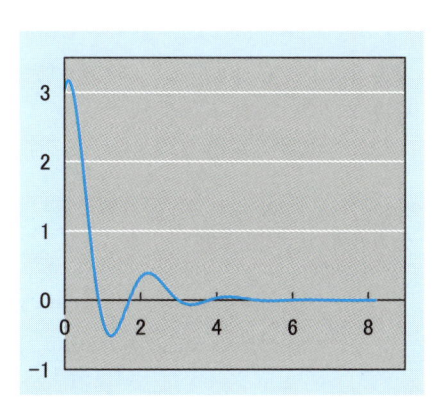

3.6.3 振動と共振

例題 3.11 ─────────────────── 振動と共振 ─

振り子などの振動の方程式
$$\frac{d^2x}{dt^2} + \omega_0^2 x = F_0 \sin\omega t \tag{3.9}$$
について
(1) $\omega_0^2 \neq \omega^2$ のときの一般解を求めよ．
(2) $\omega_0 = \omega$ のときの一般解を求めよ．
(3) (2) の解の振る舞いを調べよ．

解答 (1) 同次形 $\dfrac{d^2x}{dt^2} + \omega_0^2 x = 0$ の一般解は
$$x = A\cos\omega_0 t + B\sin\omega_0 t$$
そこで，特殊解を求めるために，$x = A\cos\omega t + B\sin\omega t$ を微分方程式に代入すると
$$(-A\omega^2\cos\omega t - B\omega^2\sin\omega t) + \omega_0^2(A\cos\omega t + B\sin\omega t) = F_0\sin\omega t$$
よって
$$-A\omega^2 + A\omega_0^2 = 0, \quad -B\omega^2 + B\omega_0^2 = F_0$$
から
$$A = 0, \quad B = \frac{F_0}{\omega_0^2 - \omega^2}$$
である．よって，$\omega_0^2 \neq \omega^2$ のとき，特殊解 $\dfrac{F_0}{\omega_0^2 - \omega^2}\sin\omega t$ が求まる．そこで，一般解は
$$x = A\cos\omega_0 t + B\sin\omega_0 t + \frac{F_0}{\omega_0^2 - \omega^2}\sin\omega t$$

(2) $\omega_0 = \omega$ のとき，特殊解を求めるために，$x = t(A\cos\omega_0 t + B\sin\omega_0 t)$ を微分方程式に代入すると
$$t(-A\omega_0^2\cos\omega_0 t - B\omega_0^2\sin\omega_0 t) + 2(-A\omega_0\sin\omega_0 t + B\omega_0\cos\omega_0 t)$$
$$+ \omega_0^2 t(A\cos\omega_0 t + B\sin\omega_0 t) = F_0\sin\omega_0 t$$

よって，$-2A\omega_0 = F_0, 2B\omega_0 = 0$ より，特殊解として

3.6 微分方程式の応用

$$x = -\frac{F_0}{2\omega_0} t \cos \omega_0 t$$

が求まる．そこで，一般解は

$$x = A\cos\omega_0 t + B\sin\omega_0 t - \frac{F_0}{2\omega_0} t \cos \omega_0 t$$

(3) 例えば，初期条件 $x(0) = 0, x'(0) = -\frac{F_0}{2\omega_0}$ となる解は

$$x = -\frac{F_0}{2\omega_0} t \cos \omega_0 t$$

$F_0 = -2\omega_0, \omega_0 = 1$ として，グラフをかくと次のようになる．このグラフから，t が大きくなると x は激しく振動することがわかる．

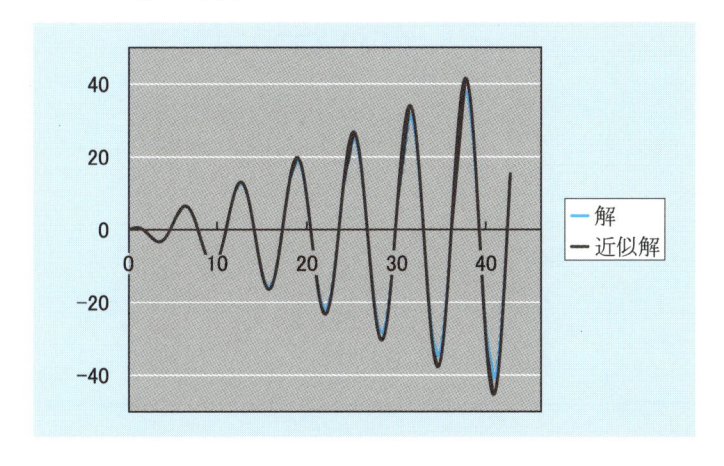

[補足] アメリカ，ワシントン州で1940年11月に断続的に続く風のためタコマ橋が落下した．この事故は，風と橋の共振が原因と言われている．

3.6.4 電気回路

例題 3.12 ──────────────────────────── RLC 回路 ─

起電力 $E(t) = E_0 \sin \omega t$, 抵抗 R, インダクタンス L のコイル, コンデンサー C からなる電気回路を考える．

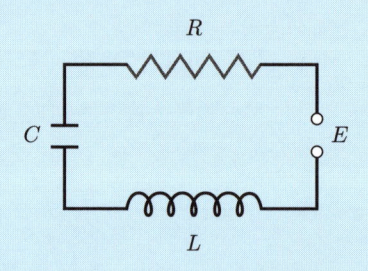

(1) この回路を流れる電流 I としたとき，I は微分方程式

$$LI'' + RI' + \frac{1}{C}I = E_0 \omega \cos \omega t$$

を満足することを示せ．

(2) $R^2 > 4\dfrac{L}{C}$ のとき，一般解を求めよ．

解答 (1) キルヒホッフの法則から，微分方程式

$$E(t) = RI + L\frac{dI}{dt} + \frac{1}{C}\int I\, dt$$

を満足する．よって

$$RI + LI' + \frac{1}{C}\int I\, dt = E_0 \sin \omega t$$

両辺を t で微分すると

$$LI'' + RI' + \frac{1}{C}I = E_0 \omega \cos \omega t$$

(2) $I = P\cos \omega t + Q\sin \omega t$ を微分方程式に代入すると

$$L(-P\omega^2 \cos \omega t - Q\omega^2 \sin \omega t) + R(-P\omega \sin \omega t + Q\omega \cos \omega t)$$
$$+ (P\cos \omega t + Q\sin \omega t)/C = E_0 \omega \cos \omega t$$

3.6 微分方程式の応用

よって
$$-LP\omega^2 + RQ\omega + \frac{P}{C} = E_0\omega, \quad -LQ\omega^2 - RP\omega + \frac{Q}{C} = 0$$
この解を P_0, Q_0 とおくと，特殊解
$$I = P_0 \cos\omega t + Q_0 \sin\omega t$$
が求まる．

次に，同次形微分方程式 $LI'' + RI' + \frac{1}{C}I = 0$ の一般解を求めよう．特性方程式
$$L\lambda^2 + R\lambda + \frac{1}{C} = 0$$
の解は
$$\lambda = \frac{-R \pm \sqrt{R^2 - 4L/C}}{2L}$$

(i) $R^2 > \frac{4L}{C}$ のとき，一般解は
$$I = Ae^{\frac{-R-\sqrt{R^2-4L/C}}{2L}t} + Be^{\frac{-R+\sqrt{R^2-4L/C}}{2L}t}$$
よって，求める解は
$$I = P_0\cos\omega t + Q_0\sin\omega t + Ae^{\frac{-R-\sqrt{R^2-4L/C}}{2L}t} + Be^{\frac{-R+\sqrt{R^2-4L/C}}{2L}t}$$

(ii) $R^2 = \frac{4L}{C}$ のとき，一般解は
$$I = (At+B)e^{(-R/2L)t}$$
よって，求める解は
$$I = P_0\cos\omega t + Q_0\sin\omega t + (At+B)e^{(-R/2L)t}$$

(iii) $R^2 < \frac{4L}{C}$ のとき，一般解は
$$I = e^{(-R/2L)t}\left(A\cos\frac{\sqrt{-R^2+4L/C}}{2L}t + B\sin\frac{\sqrt{-R^2+4L/C}}{2L}t\right)$$
よって，求める解は
$$I = P_0\cos\omega t + Q_0\sin\omega t$$
$$+ e^{(-R/2L)t}\left(A\cos\frac{\sqrt{-R^2+4L/C}}{2L}t + B\sin\frac{\sqrt{-R^2+4L/C}}{2L}t\right)$$

3.7 オイラー型の2階線形微分方程式

微分方程式

$$x^2y'' + axy' + by = 0$$

は，オイラー型の微分方程式と呼ばれる．ここに，a, b は定数である．

例題 3.13 ──────────────── オイラー型の2階線形微分方程式 ─

オイラー型の微分方程式

$$x^2y'' + axy' + by = 0 \tag{3.10}$$

について
(1) $x > 0$ とき，$t = \log x$ と変数を変換すると $z(t) = y(e^t)$ は

$$z'' + (a-1)z' + bz = 0 \tag{3.11}$$

を満たすことを示せ．
(2) $a = -2, b = 2$ のとき，微分方程式を解け．

解答 (1) 合成関数の変数変換から

$$z' = \frac{d}{dt}y(e^t) = \frac{dy}{dx}\frac{dx}{dt} = x\frac{dy}{dx}$$

$$z'' = \frac{d}{dt}\left(x\frac{dy}{dx}\right) = \frac{dx}{dt}\frac{d}{dx}\left(x\frac{dy}{dx}\right) = x\left(\frac{dy}{dx} + x\frac{d^2y}{dx^2}\right)$$

よって

$$\begin{aligned}z'' + (a-1)z' + bz &= x\left(\frac{dy}{dx} + x\frac{d^2y}{dx^2}\right) + (a-1)x\frac{dy}{dx} + by \\ &= x^2\frac{d^2y}{dx^2} + ax\frac{dy}{dx} + by \\ &= 0\end{aligned}$$

(2) $z(t) = y(e^t)$ について
$$z'' + (-2-1)z' + 2z = 0$$

特性方程式 $\lambda^2 - 3z + 2 = 0$ の解は $\lambda = 1, 2$. よって，z の一般解は
$$z = Ae^t + Be^{2t}$$

したがって
$$y = Ax + Bx^2$$

～～ **問 題** ～～～～～～～～～～～～～～～～～～～～

3.7 オイラー型の微分方程式
$$x^2 y'' + xy' - y = 0$$

について
(1) $z = y(e^t)$ についての微分方程式を求めよ．
(2) 一般解を求めよ．

第4章

連立線形微分方程式

4.1 連立線形微分方程式

この章では，連立線形微分方程式

$$\begin{cases} u_1'(x) = a_{11}(x)u_1(x) + a_{12}(x)u_2(x) + f_1(x) \\ u_2'(x) = a_{21}(x)u_1(x) + a_{22}(x)u_2(x) + f_2(x) \end{cases} \quad (*)$$

を考える．

列ベクトル $\boldsymbol{u} = \begin{bmatrix} u_1 \\ u_2 \end{bmatrix}$，2次の行列 $A = \begin{bmatrix} a_{11} & a_{12} \\ a_{21} & a_{22} \end{bmatrix}$，列ベクトル $\boldsymbol{f} = \begin{bmatrix} f_1 \\ f_2 \end{bmatrix}$ とおく．

変数 x が $x + \Delta x$ まで変化したとき，ベクトルの平均変化率

$$\frac{\boldsymbol{u}(x + \Delta x) - \boldsymbol{u}(x)}{\Delta x} = \begin{bmatrix} \dfrac{u_1(x + \Delta x) - u_1(x)}{\Delta x} \\ \dfrac{u_2(x + \Delta x) - u_2(x)}{\Delta x} \end{bmatrix}$$

において，$\Delta x \to 0$ のとき，各成分は微分係数に近づく．したがって

$$\frac{d}{dx}\boldsymbol{u}(x) = \begin{bmatrix} u_1'(x) \\ u_2'(x) \end{bmatrix}$$

と表すと，$(*)$ は

4.1 連立線形微分方程式

$$\frac{d}{dx}u = Au + f$$

と表される.

定理 4.1 (解の存在と一意性) 連立線形微分方程式 (∗) の解で,初期条件

$$u(x_0) = \begin{bmatrix} c_1 \\ c_2 \end{bmatrix}$$

を満たすものがただ 1 つ存在する.

実際

$$u_0(x) = \begin{bmatrix} c_1 \\ c_2 \end{bmatrix}$$

$$u_1(x) = \begin{bmatrix} c_1 \\ c_2 \end{bmatrix} + \int_{x_0}^{x} f(t, u_0(t))\, dt$$

$$\vdots$$

$$u_n(x) = \begin{bmatrix} c_1 \\ c_2 \end{bmatrix} + \int_{x_0}^{x} f(t, u_{n-1}(t))\, dt$$

$$\vdots$$

と順次定めると,定理 2.1 の証明のように,$\{u_n\}$ の極限が求める解を与えることが示される.このためには,定理 2.1 の f と同じような条件(リプシッツ条件)を f に仮定する必要がある.

4.2　2階線形微分方程式

2階線形微分方程式

$$y'' + P(x)y' + Q(x)y = R(x)$$

は，連立線形微分方程式に帰着される．

例題 4.1　　　　　　　　　　　　　　　　　　　　2階線形微分方程式

微分方程式 $y'' + P(x)y' + Q(x)y = R(x)$ において

$$u_1(x) = y(x), \quad u_2(x) = y'(x)$$

とおくと

$$\begin{cases} u_1'(x) = u_2(x) \\ u_2'(x) = -P(x)u_2(x) - Q(x)u_1(x) + R(x) \end{cases}$$

を示せ．

解答

$$u_1'(x) = y'(x) = u_2(x)$$

さらに

$$\begin{aligned} u_2'(x) &= y''(x) \\ &= -P(x)y'(x) - Q(x)y(x) + R(x) \\ &= -P(x)u_2(x) - Q(x)u_1(x) + R(x) \end{aligned}$$

であるから，結論が示された．

問　題

4.1　オイラー型の微分方程式 $x^2 y'' + axy' + by = 0$ を連立線形微分方程式に変形せよ．

4.2 2階線形微分方程式

例題 4.2 ──────────────── 2階線形微分方程式 ─

連立線形微分方程式

$$\begin{cases} u_1'(x) = \dfrac{1}{x} u_2(x) \\ u_2'(x) = \dfrac{1}{x} u_1(x) \end{cases}$$

において

(1) $u_1(x)^2 - u_2(x)^2 = c_1$ （定数）であることを示せ．

(2) $\dfrac{u_1(x) + u_2(x)}{x} = c_2$ （定数）であることを示せ．

(3) $u_1(x)$ が満たす2階の微分方程式を求めよ．

解答 (1) $u_1^2 - u_2^2$ を微分すると

$$\left(u_1^2 - u_2^2 \right)' = 2u_1 u_1' - 2u_2 u_2' = 2u_1 \frac{u_2}{x} - 2u_2 \frac{u_1}{x} = 0$$

よって，$u_1^2 - u_2^2$ は定数である．

(2) $\dfrac{u_1(x) + u_2(x)}{x}$ を微分すると

$$\begin{aligned} \left(\frac{u_1(x) + u_2(x)}{x} \right)' &= x^{-1} \left(u_1' + u_2' \right) - x^{-2} \left(u_1 + u_2 \right) \\ &= x^{-1} \left(\frac{u_2}{x} + \frac{u_1}{x} \right) - x^{-2} \left(u_1 + u_2 \right) \\ &= 0 \end{aligned}$$

よって，$\dfrac{u_1(x) + u_2(x)}{x}$ は定数である．

(3) $u_2'(x) = \left(x u_1'(x) \right)' = u_1'(x) + x u_1''(x)$ だから

$$u_1' + x u_1'' = \frac{1}{x} u_1$$

よって

$$x^2 u_1'' + x u_1' - u_1 = 0$$

これは，オイラー型の微分方程式である．

注意 オイラー型の微分方程式

$$x^2 y'' + xy' - y = 0$$

において，$u_1 = y$, $u_2 = xy'$ とおくと，例題 4.1 のように，連立線形微分方程式

$$\begin{cases} u_1'(x) = \dfrac{1}{x} u_2(x) \\ u_2'(x) = \dfrac{1}{x} u_1(x) \end{cases}$$

を得る．

さて，問題 3.7 によると，一般解は

$$u_1(x) = Ax + B\dfrac{1}{x}$$

の形である．これから

$$u_2(x) = xu_1'(x) = Ax - B\dfrac{1}{x}$$

一方，(1), (2) から

$$\begin{cases} u_1 = \dfrac{c_2}{2} x + \dfrac{c_1}{2c_2 x} \\ u_2 = \dfrac{c_2}{2} x - \dfrac{c_1}{2c_2 x} \end{cases}$$

が示される．実際

$$c_1 = 4AB, \quad c_2 = 2A$$

となっている．すなわち，オイラー型の微分方程式を利用して，連立微分方程式を解くことが可能であり，また，その逆もいえる．

問題

4.2 連立微分方程式

$$\begin{cases} u_1'(x) = \dfrac{u_2(x) - x}{u_1(x) - u_2(x)} \\ u_2'(x) = \dfrac{x - u_1(x)}{u_1(x) - u_2(x)} \end{cases}$$

において
(1) $x + u_1(x) + u_2(x) = c_1$ （定数）であることを示せ．
(2) $x^2 + \{u_1(x)\}^2 + \{u_2(x)\}^2 = c_2$ （定数）であることを示せ．

4.3 連立線形同次微分方程式

連立線形微分方程式

$$\begin{cases} u_1'(x) = a_{11}(x)u_1(x) + a_{12}(x)u_2(x) \\ u_2'(x) = a_{21}(x)u_1(x) + a_{22}(x)u_2(x) \end{cases}$$

すなわち

$$\frac{d}{dx}\boldsymbol{u} = A\boldsymbol{u}, \qquad A = \begin{bmatrix} a_{11}(x) & a_{12}(x) \\ a_{21}(x) & a_{22}(x) \end{bmatrix} \qquad (*)$$

は**同次形**と呼ばれる.

$(*)$ の 2 つの解 $\boldsymbol{u}_1(x) = \begin{bmatrix} u_{11}(x) \\ u_{21}(x) \end{bmatrix}$, $\boldsymbol{u}_2(x) = \begin{bmatrix} u_{12}(x) \\ u_{22}(x) \end{bmatrix}$ に対して

$$W(x) = \begin{vmatrix} u_{11}(x) & u_{12}(x) \\ u_{21}(x) & u_{22}(x) \end{vmatrix}$$

とおく. W は**ロンスキー行列式**または**ロンスキアン**と呼ばれる.

定理 4.2 $(*)$ の 2 つの解 $\boldsymbol{u}_1(x) = \begin{bmatrix} u_{11}(x) \\ u_{21}(x) \end{bmatrix}$, $\boldsymbol{u}_2(x) = \begin{bmatrix} u_{12}(x) \\ u_{22}(x) \end{bmatrix}$ に対して

$$W(x) = W(x_0) \exp\left(\int_{x_0}^{x} \{a_{11}(t) + a_{22}(t)\} dt\right)$$

証明 W の微分を考えると

$$W'(x) = \begin{vmatrix} u_{11}'(x) & u_{12}'(x) \\ u_{21}(x) & u_{22}(x) \end{vmatrix} + \begin{vmatrix} u_{11}(x) & u_{12}(x) \\ u_{21}'(x) & u_{22}'(x) \end{vmatrix}$$

第4章　連立線形微分方程式

$$
\begin{aligned}
&= \begin{vmatrix} a_{11}(x)u_{11}(x) + a_{12}(x)u_{21}(x) & a_{11}(x)u_{12}(x) + a_{12}(x)u_{22}(x) \\ u_{21}(x) & u_{22}(x) \end{vmatrix} \\
&\quad + \begin{vmatrix} u_{11}(x) & u_{12}(x) \\ a_{21}(x)u_{11}(x) + a_{22}(x)u_{21}(x) & a_{21}(x)u_{12}(x) + a_{22}(x)u_{22}(x) \end{vmatrix} \\
&= a_{11}(x) \begin{vmatrix} u_{11}(x) & u_{12}(x) \\ u_{21}(x) & u_{22}(x) \end{vmatrix} + a_{22}(x) \begin{vmatrix} u_{11}(x) & u_{12}(x) \\ u_{21}(x) & u_{22}(x) \end{vmatrix} \\
&= (a_{11}(x) + a_{22}(x))W(x)
\end{aligned}
$$

よって，W は変数分離形の微分方程式を満たす．これを解いて結論が示される．□

[補足]　行列式の性質を用いないときには，次のように計算する：$W = u_{11}u_{22} - u_{12}u_{21}$ であるから

$$
\begin{aligned}
W' &= (u_{11}u_{22} - u_{12}u_{21})' \\
&= (u'_{11}u_{22} + u_{11}u'_{22}) - (u'_{12}u_{21} + u_{12}u'_{21}) \\
&= (a_{11}u_{11} + a_{12}u_{21})u_{22} + u_{11}(a_{21}u_{12} + a_{22}u_{22}) \\
&\quad - (a_{11}u_{12} + a_{12}u_{22})u_{21} - u_{12}(a_{21}u_{11} + a_{22}u_{21}) \\
&= a_{11}(u_{11}u_{22} - u_{12}u_{21}) + a_{22}(u_{11}u_{22} - u_{12}u_{21}) \\
&= (a_{11}(x) + a_{22}(x))W(x)
\end{aligned}
$$

この定理によると，$(*)$ の2つの解 $\bm{u}_1(x), \bm{u}_2(x)$ に対して，$W(x)$ は決して 0 にならないか，または，恒等的に 0 であるかのいずれかが起こる．前者のとき，2つの解は**基本解**と呼ばれる．

4.3 連立線形同次微分方程式

> **例題 4.3** ────────────────── 連立微分方程式の解 ─
>
> 連立微分方程式 $(*)$ の解で, 初期条件
> $$u_1(x_0) = \begin{bmatrix} 1 \\ 0 \end{bmatrix}, \quad u_2(x_0) = \begin{bmatrix} 0 \\ 1 \end{bmatrix}$$
> を満たすものを考える. このとき, 初期条件
> $$u(x_0) = \begin{bmatrix} c_1 \\ c_2 \end{bmatrix}$$
> を満たす解は
> $$u(x) = c_1 u_1(x) + c_2 u_2(x)$$
> である.

解答 $v(x) = c_1 u_1(x) + c_2 u_2(x)$ とおくと

$$\begin{aligned}
\frac{d}{dx} v(x) &= \frac{d}{dx} \left(c_1 u_1(x) + c_2 u_2(x) \right) \\
&= c_1 \frac{d}{dx} u_1(x) + c_2 \frac{d}{dx} u_2(x) \\
&= c_1 A(x) u_1(x) + c_2 A(x) u_2(x) \\
&= A(x)(c_1 u_1(x) + c_2 u_2(x)) \\
&= A(x) v(x)
\end{aligned}$$

となり, $v(x)$ は $(*)$ の解である. また

$$v(x_0) = \begin{bmatrix} c_1 \\ c_2 \end{bmatrix} = u(x_0)$$

だから, 解の一意性（定理 4.1）より

$$v(x) = u(x)$$

4.4 連立線形同次微分方程式の解法

定数係数の連立線形同次微分方程式

$$\frac{d}{dx}\boldsymbol{u} = A\boldsymbol{u}, \qquad A = \begin{bmatrix} a_{11} & a_{12} \\ a_{21} & a_{22} \end{bmatrix} \qquad (*)$$

において,行列 A が正則行列 P によって

$$P^{-1}AP = \begin{bmatrix} \lambda_1 & 0 \\ 0 & \lambda_2 \end{bmatrix}$$

と対角化されたとしよう.このとき

$$\boldsymbol{u} = P\boldsymbol{v}$$

と変換すると

$$\frac{d}{dx}\boldsymbol{v} = P^{-1}\frac{d}{dx}\boldsymbol{u} = P^{-1}A\boldsymbol{u} = P^{-1}AP\boldsymbol{v}$$

よって

$$\begin{cases} v_1'(x) = \lambda_1 v_1(x) \\ v_2'(x) = \lambda_2 v_2(x) \end{cases}$$

これらは変数分離形の微分方程式であるから 2.2.1 項のように,$v_1(x) = c_1 e^{\lambda_1 x}$, $v_2(t) = c_2 e^{\lambda_2 x}$ と解けるので,求める解は

$$\boldsymbol{u} = P \begin{bmatrix} c_1 e^{\lambda_1 x} \\ c_2 e^{\lambda_2 x} \end{bmatrix}$$

$$= c_1 P \begin{bmatrix} e^{\lambda_1 x} \\ 0 \end{bmatrix} + c_2 P \begin{bmatrix} 0 \\ e^{\lambda_2 x} \end{bmatrix}$$

となる.

4.4 連立線形同次微分方程式の解法

例題 4.4 ──連立線形同次微分方程式の解法──

次の連立線形同次微分方程式を解け.

$$\frac{d}{dx}\begin{bmatrix} u(x) \\ v(x) \end{bmatrix} = \begin{bmatrix} 0 & 1 \\ 2 & -1 \end{bmatrix}\begin{bmatrix} u(x) \\ v(x) \end{bmatrix}$$

解答 行列 $A = \begin{bmatrix} 0 & 1 \\ 2 & -1 \end{bmatrix}$ の固有方程式

$$\begin{vmatrix} \lambda & -1 \\ -2 & \lambda+1 \end{vmatrix} = \lambda(\lambda+1) - 2 = 0$$

を解くと,固有値 $\lambda = 1, -2$.

固有値 $\lambda = 1$ に属する固有ベクトルは, $\begin{bmatrix} u \\ v \end{bmatrix} = t\begin{bmatrix} 1 \\ 1 \end{bmatrix}$

固有値 $\lambda = -2$ に属する固有ベクトルは, $\begin{bmatrix} u \\ v \end{bmatrix} = t\begin{bmatrix} -1 \\ 2 \end{bmatrix}$

そこで,行列 $P = \begin{bmatrix} 1 & -1 \\ 1 & 2 \end{bmatrix}$ に対して

$$P^{-1} = \frac{1}{2-(-1)}\begin{bmatrix} 2 & 1 \\ -1 & 1 \end{bmatrix} = \frac{1}{3}\begin{bmatrix} 2 & 1 \\ -1 & 1 \end{bmatrix}$$

よって

$$P^{-1}AP = \frac{1}{3}\begin{bmatrix} 2 & 1 \\ -1 & 1 \end{bmatrix}\begin{bmatrix} 0 & 1 \\ 2 & -1 \end{bmatrix}\begin{bmatrix} 1 & -1 \\ 1 & 2 \end{bmatrix}$$

$$= \begin{bmatrix} 1 & 0 \\ 0 & -2 \end{bmatrix}$$

と A は対角化される.ここで

$$\begin{bmatrix} u(x) \\ v(x) \end{bmatrix} = P \begin{bmatrix} f(x) \\ g(x) \end{bmatrix}$$

と変換すると

$$\frac{d}{dx}\begin{bmatrix} f(x) \\ g(x) \end{bmatrix} = P^{-1}\frac{d}{dx}\begin{bmatrix} u(x) \\ v(x) \end{bmatrix} = P^{-1}AP\begin{bmatrix} f(x) \\ g(x) \end{bmatrix}$$

$$= \begin{bmatrix} f(x) \\ -2g(x) \end{bmatrix}$$

したがって

$$f'(x) = f(x), \qquad g'(x) = -2g(x)$$

を解いて

$$f(x) = c_1 e^x, \qquad g(x) = c_2 e^{-2x}$$

を得る.ゆえに

$$\begin{bmatrix} u(x) \\ v(x) \end{bmatrix} = P \begin{bmatrix} f(x) \\ g(x) \end{bmatrix}$$

$$= \begin{bmatrix} 1 & -1 \\ 1 & 2 \end{bmatrix} \begin{bmatrix} c_1 e^x \\ c_2 e^{-2x} \end{bmatrix}$$

$$= \begin{bmatrix} c_1 e^x - c_2 e^{-2x} \\ c_1 e^x + 2c_2 e^{2x} \end{bmatrix}$$

問 題

4.3 次の微分方程式を解け.

(1) $\dfrac{d}{dx}\begin{bmatrix} u(x) \\ v(x) \end{bmatrix} = \begin{bmatrix} 1 & 2 \\ 0 & 2 \end{bmatrix}\begin{bmatrix} u(x) \\ v(x) \end{bmatrix}$

(2) $\dfrac{d}{dx}\begin{bmatrix} u(x) \\ v(x) \end{bmatrix} = \begin{bmatrix} 1 & 3 \\ 2 & 2 \end{bmatrix}\begin{bmatrix} u(x) \\ v(x) \end{bmatrix}$

4.5 連立線形微分方程式の例

4.5.1 シマウマとライオンの数理

> **例題 4.5** ──────────────── 弱肉強食 ─
>
> シマウマは餌になる草が豊富にあれば，その数と経過する時間とに比例して増加する．よって，時刻 t のときのシマウマの数を $x(t)$ とすると，微分方程式
>
> $$x' = \alpha x$$
>
> が得られる．そばにライオンがいるとその数は減少する．そこで，そばにいるライオンの数を $y(t)$ とすると
>
> $$x' = \alpha x - \beta y$$
>
> 一方，ライオンについては，その数が多ければ減少し，餌になるシマウマが多ければ増加するので
>
> $$y' = \gamma x - \delta y$$
>
> したがって，連立線形微分方程式
>
> $$\begin{bmatrix} x'(t) \\ y'(t) \end{bmatrix} = \begin{bmatrix} \alpha & -\beta \\ \gamma & -\delta \end{bmatrix} \begin{bmatrix} x(t) \\ y(t) \end{bmatrix}$$
>
> が得られる．$\begin{bmatrix} \alpha & -\beta \\ \gamma & -\delta \end{bmatrix} = \begin{bmatrix} 2 & -4 \\ 3 & -6 \end{bmatrix}$ のとき
>
> (1) 一般解を求めよ．
> (2) $3x(0) > 2y(0) > 0$ のとき，$\displaystyle\lim_{t\to\infty} x(t)$，$\displaystyle\lim_{t\to\infty} y(t)$ を求めよ．

解答 行列 $A = \begin{bmatrix} 2 & -4 \\ 3 & -6 \end{bmatrix}$ の固有方程式

$$\begin{vmatrix} \lambda-2 & 4 \\ -3 & \lambda+6 \end{vmatrix} = (\lambda-2)(\lambda+6)+12 = \lambda^2+4\lambda = 0$$

を解くと，固有値 $\lambda = 0, -4$.

固有値 $\lambda = 0$ に属する固有ベクトルは，$\begin{bmatrix} x \\ y \end{bmatrix} = t \begin{bmatrix} 2 \\ 1 \end{bmatrix}$

固有値 $\lambda = -4$ に属する固有ベクトルは，$\begin{bmatrix} x \\ y \end{bmatrix} = t \begin{bmatrix} 2 \\ 3 \end{bmatrix}$

そこで，行列 $P = \begin{bmatrix} 2 & 2 \\ 1 & 3 \end{bmatrix}$ に対して，$P^{-1}AP = \begin{bmatrix} 0 & 0 \\ 0 & -4 \end{bmatrix}$ と A は対角化される．ここで，$\begin{bmatrix} x(t) \\ y(t) \end{bmatrix} = P \begin{bmatrix} u(t) \\ v(t) \end{bmatrix}$ と変換すると

$$\frac{d}{dt}\begin{bmatrix} u(t) \\ v(t) \end{bmatrix} = P^{-1}\frac{d}{dt}\begin{bmatrix} x(t) \\ y(t) \end{bmatrix} = P^{-1}AP\begin{bmatrix} u(t) \\ v(t) \end{bmatrix} = \begin{bmatrix} 0 \\ -4v(t) \end{bmatrix}$$

したがって，$u'(t) = 0$, $v'(t) = -4v(t)$ を解いて $u(t) = c_1$, $v(t) = c_2 e^{-4t}$ を得る．ゆえに

$$\begin{bmatrix} x(t) \\ y(t) \end{bmatrix} = P\begin{bmatrix} u(t) \\ v(t) \end{bmatrix} = \begin{bmatrix} 2 & 2 \\ 1 & 3 \end{bmatrix}\begin{bmatrix} c_1 \\ c_2 e^{-4t} \end{bmatrix} = \begin{bmatrix} 2c_1 + 2c_2 e^{-4t} \\ c_1 + 3c_2 e^{-4t} \end{bmatrix}$$

(2) $t = 0$ のとき

$$\begin{bmatrix} x(0) \\ y(0) \end{bmatrix} = \begin{bmatrix} 2c_1 + 2c_2 \\ c_1 + 3c_2 \end{bmatrix}$$

よって

$$c_1 = \frac{3x(0) - 2y(0)}{4}, \quad c_2 = \frac{-x(0) + 2y(0)}{4}$$

したがって

$$\lim_{t\to\infty} x(t) = 2c_1 > 0, \quad \lim_{t\to\infty} y(t) = c_1 > 0$$

4.5.2 2国間の軍備競争

例題 4.6 ───────────────────────── 軍備競争 ─

2国家間の軍備競争のモデルに関する微分方程式を考える．時刻 t のときの，A国の軍事費を $x(t)$，B国の軍事費を $y(t)$ とする．A国の軍事費は，B国の軍事費に比例して増加するが，A国内の世論により抑制されるので

$$x'(t) = ay(t) - bx(t)$$

同様に

$$y'(t) = cx(t) - dy(t)$$

$\begin{bmatrix} -b & a \\ c & -d \end{bmatrix} = \begin{bmatrix} -0.1 & 0.2 \\ 0.3 & -0.2 \end{bmatrix}$ のとき

(1) 解を求めよ．
(2) $x(0) > 0, y(0) > 0$ ならば，$t \to \infty$ のとき，
$x(t) \to \infty, y(t) \to \infty$ となることを示せ．
（軍事費の限りない増加は戦争を意味するであろう．）

解答 行列 $A = \begin{bmatrix} -0.1 & 0.2 \\ 0.3 & -0.2 \end{bmatrix}$ の固有方程式

$$\begin{vmatrix} \lambda + 0.1 & -0.2 \\ -0.3 & \lambda + 0.2 \end{vmatrix} = (\lambda + 0.1)(\lambda + 0.2) - 0.06 = \lambda^2 + 0.3\lambda - 0.04 = 0$$

を解くと，固有値 $\lambda = 0.1, -0.4$．

固有値 $\lambda = 0.1$ に属する固有ベクトルは，$\begin{bmatrix} x \\ y \end{bmatrix} = t \begin{bmatrix} 1 \\ 1 \end{bmatrix}$

固有値 $\lambda = -0.4$ に属する固有ベクトルは，$\begin{bmatrix} x \\ y \end{bmatrix} = t \begin{bmatrix} -2 \\ 3 \end{bmatrix}$

そこで,行列 $P = \begin{bmatrix} 1 & -2 \\ 1 & 3 \end{bmatrix}$ に対して,$P^{-1}AP = \begin{bmatrix} 0.1 & 0 \\ 0 & -0.4 \end{bmatrix}$ と A は対角化される.ここで,$\begin{bmatrix} x(t) \\ y(t) \end{bmatrix} = P \begin{bmatrix} u(t) \\ v(t) \end{bmatrix}$ と変換すると

$$\frac{d}{dt}\begin{bmatrix} u(t) \\ v(t) \end{bmatrix} = P^{-1}\frac{d}{dt}\begin{bmatrix} x(t) \\ y(t) \end{bmatrix} = P^{-1}AP\begin{bmatrix} u(t) \\ v(t) \end{bmatrix} = \begin{bmatrix} 0.1u(t) \\ -0.4v(t) \end{bmatrix}$$

したがって
$$u'(t) = 0.1u(t), \qquad v'(t) = -0.4v(t)$$
を解いて
$$u(t) = c_1 e^{0.1t}, \qquad v(t) = c_2 e^{-0.4t}$$
を得る.ゆえに
$$\begin{bmatrix} x(t) \\ y(t) \end{bmatrix} = P\begin{bmatrix} u(t) \\ v(t) \end{bmatrix} = \begin{bmatrix} 1 & -2 \\ 1 & 3 \end{bmatrix}\begin{bmatrix} c_1 e^{0.1t} \\ c_2 e^{-0.4t} \end{bmatrix}$$
$$= \begin{bmatrix} c_1 e^{0.1t} - 2c_2 e^{-0.4t} \\ c_1 e^{0.1t} + 3c_2 e^{-0.4t} \end{bmatrix}$$

(2) $t = 0$ のとき
$$\begin{bmatrix} x(0) \\ y(0) \end{bmatrix} = \begin{bmatrix} c_1 - 2c_2 \\ c_1 + 3c_2 \end{bmatrix}$$
よって
$$c_1 = \frac{3x(0) + 2y(0)}{5}, \quad c_2 = \frac{-x(0) + y(0)}{5}$$
$c_1 > 0$ だから
$$\lim_{t \to \infty} x(t) = \lim_{t \to \infty}(c_1 e^{0.1t} - 2c_2 e^{-0.4t}) = \infty,$$
$$\lim_{t \to \infty} y(t) = \lim_{t \to \infty}(c_1 e^{0.1t} + 3c_2 e^{-0.4t}) = \infty$$

4.5.3 ばねの振動

長さが a_1 のばね L_1 に長さ a_2 のばね L_2 が連結されている．ばね L_1 の錘の重さを m_1，ばね L_2 の錘の重さを m_2 とすると，少し伸びてばねの長さが d_1, d_2 になったとする．ばねの張力を T_1, T_2 とすると

$$T_1 = \lambda \frac{d_1}{a_1}, \quad T_2 = \lambda \frac{d_2}{a_2}$$

ニュートンの運動法則から

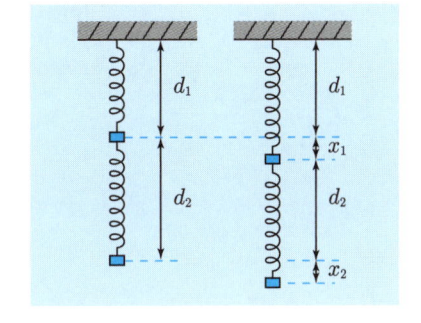

$$m_1 g = T_1 - T_2, \quad m_2 g = T_2$$

この状態から，それぞれのばねが振動して，長さがそれぞれ x_1, x_2 だけ伸縮すると

$$m_1 \frac{d^2 x_1}{dt^2} = m_1 g + \lambda \frac{d_2 + x_2 - x_1}{a_2} - \lambda \frac{d_1 + x_1}{a_1},$$

$$m_2 \frac{d^2 x_2}{dt^2} = m_2 g - \lambda \frac{d_2 + x_2 - x_1}{a_2}$$

よって

$$m_1 \frac{d^2 x_1}{dt^2} = \left(m_1 g + \lambda \frac{d_2}{a_2} - \lambda \frac{d_1}{a_1} \right) - \lambda \left(\frac{1}{a_1} + \frac{1}{a_2} \right) x_1 + \lambda \frac{1}{a_2} x_2$$

$$= -\lambda \left(\frac{1}{a_1} + \frac{1}{a_2} \right) x_1 + \lambda \frac{1}{a_2} x_2,$$

$$m_2 \frac{d^2 x_2}{dt^2} = \left(m_2 g - \lambda \frac{d_2}{a_2} \right) + \lambda \frac{1}{a_2} x_1 - \lambda \frac{1}{a_2} x_2$$

$$= \lambda \frac{1}{a_2} x_1 - \lambda \frac{1}{a_2} x_2$$

例題 4.7 — ばねの振動

$a_1 = a_2 = a$, $m_1 = m_2 = m$, $k = \frac{\lambda}{am}$ とすると，連結ばねの運動方程式は

$$\begin{cases} x_1''(t) = -2kx_1(t) + kx_2(t) \\ x_2''(t) = kx_1(t) - kx_2(t) \end{cases}$$

となる．

(1) $x_3 = x_1'$, $x_4 = x_2'$ とおいて，$\begin{bmatrix} x_1 \\ x_2 \\ x_3 \\ x_4 \end{bmatrix}$ が満たす線形微分方程式を求めよ．

(2) $x_1 = \cos\omega t$ が解となるように，ω を定めよ．

解答 (1)
$$\begin{cases} x_1' = x_3 \\ x_2' = x_4 \\ x_3' = x_1'' = -2kx_1 + kx_2 \\ x_4' = x_2'' = kx_1 - kx_2 \end{cases}$$
に注意すると

$$\frac{d}{dt}\begin{bmatrix} x_1 \\ x_2 \\ x_3 \\ x_4 \end{bmatrix} = \begin{bmatrix} 0 & 0 & 1 & 0 \\ 0 & 0 & 0 & 1 \\ -2k & k & 0 & 0 \\ k & -k & 0 & 0 \end{bmatrix} \begin{bmatrix} x_1 \\ x_2 \\ x_3 \\ x_4 \end{bmatrix}$$

(2) $x_1 = \cos\omega t$ とすると

$$\begin{aligned} x_3 &= x_1' = -\omega\sin\omega t, \\ x_2 &= (x_3' + 2kx_1)/k = (-\omega^2/k + 2)\cos\omega t, \\ x_4 &= x_2' = (-\omega^2/k + 2)(-\omega)\sin\omega t \end{aligned}$$

よって，$x_4' = kx_1 - kx_2$ から

$$\omega^4 - 3k\omega^2 + k^2 = 0$$

したがって，$\omega^2 = \dfrac{3 \pm \sqrt{5}}{2}k$.

4.6　連立線形微分方程式の解法

線形微分方程式

$$\frac{d}{dx}\boldsymbol{u} = A\boldsymbol{u}$$

の解法を考えよう．ここに，A は2次の正方行列である．

指数関数 e^z は，次のようにベキ級数展開される：

$$e^z = 1 + z + \frac{z^2}{2!} + \cdots + \frac{z^n}{n!} + \cdots$$

さて，2次正方行列 A に対しても同様に

$$e^A = E + A + \frac{A^2}{2!} + \cdots + \frac{A^n}{n!} + \cdots$$

と定義しよう．A を xA で置き換えて

$$e^{xA} = E + xA + x^2\frac{A^2}{2!} + \cdots + x^n\frac{A^n}{n!} + \cdots$$

を考える．ここで，x で各項ごとに微分して和をとると

$$\begin{aligned}\frac{d}{dx}e^{xA} &= A + 2x\frac{A^2}{2!} + \cdots + nx^{n-1}\frac{A^n}{n!} + \cdots \\ &= A\left(E + x\frac{A}{1!} + \cdots + x^{n-1}\frac{A^{n-1}}{(n-1)!} + \cdots\right) \\ &= Ae^{xA}\end{aligned}$$

したがって，次の定理が得られる．

> **定理 4.3**　$\boldsymbol{u} = e^{xA}\boldsymbol{a}$ は，初期値問題
>
> $$\begin{cases} \dfrac{d}{dx}\boldsymbol{u} = A\boldsymbol{u} \\ \boldsymbol{u}(0) = \boldsymbol{a} \end{cases}$$
>
> の解である．

例題 4.8　e^A

対角行列 $A = \begin{bmatrix} \alpha & 0 \\ 0 & \beta \end{bmatrix}$ について

(1) $e^A = \begin{bmatrix} e^\alpha & 0 \\ 0 & e^\beta \end{bmatrix}$ であることを示せ.

(2) 初期値問題
$$\begin{cases} \dfrac{d}{dx}\boldsymbol{u} = A\boldsymbol{u} \\ \boldsymbol{u}(0) = \boldsymbol{a} = \begin{bmatrix} a_1 \\ a_2 \end{bmatrix} \end{cases}$$
の解を求めよ.

解答　(1)
$$A^2 = \begin{bmatrix} \alpha & 0 \\ 0 & \beta \end{bmatrix}^2 = \begin{bmatrix} \alpha^2 & 0 \\ 0 & \beta^2 \end{bmatrix},$$
$$A^3 = \begin{bmatrix} \alpha & 0 \\ 0 & \beta \end{bmatrix}^3 = \begin{bmatrix} \alpha^3 & 0 \\ 0 & \beta^3 \end{bmatrix}, \cdots$$

に注意すると
$$A^n = \begin{bmatrix} \alpha^n & 0 \\ 0 & \beta^n \end{bmatrix}$$

よって
$$e^A = E + A + \frac{A^2}{2!} + \cdots + \frac{A^n}{n!} + \cdots$$
$$= E + \begin{bmatrix} \alpha & 0 \\ 0 & \beta \end{bmatrix} + \frac{1}{2!}\begin{bmatrix} \alpha^2 & 0 \\ 0 & \beta^2 \end{bmatrix} + \cdots + \frac{1}{n!}\begin{bmatrix} \alpha^n & 0 \\ 0 & \beta^n \end{bmatrix} + \cdots$$
$$= \begin{bmatrix} 1 + \alpha + \frac{1}{2!}\alpha^2 + \cdots + \frac{1}{n!}\alpha^n + \cdots & 0 \\ 0 & 1 + \beta + \frac{1}{2!}\beta^2 + \cdots + \frac{1}{n!}\beta^n + \cdots \end{bmatrix}$$
$$= \begin{bmatrix} e^\alpha & 0 \\ 0 & e^\beta \end{bmatrix}$$

(2) 解は

$$\boldsymbol{u} = e^{xA}\boldsymbol{a} = \begin{bmatrix} e^{\alpha x} & 0 \\ 0 & e^{\beta x} \end{bmatrix} \begin{bmatrix} a_1 \\ a_2 \end{bmatrix}$$

$$= \begin{bmatrix} a_1 e^{\alpha x} \\ a_2 e^{\beta x} \end{bmatrix}$$

問題

4.4 2次の単位行列 E に対して，e^E を求めよ．

4.5 2次の正方行列 A は正則行列 P によって対角化される，すなわち

$$P^{-1}AP = \begin{bmatrix} \alpha & 0 \\ 0 & \beta \end{bmatrix}$$

と仮定する．

(1) $P^{-1}e^A P = \begin{bmatrix} e^{\alpha} & 0 \\ 0 & e^{\beta} \end{bmatrix}$ であることを示せ．

(2) 初期値問題

$$\begin{cases} \dfrac{d}{dx}\boldsymbol{u} = A\boldsymbol{u} \\ \boldsymbol{x}(0) = \boldsymbol{a} \end{cases}$$

の解を求めよ．

例題 4.9 ─────── 連立線形微分方程式と行列の指数 e^A

$A = \begin{bmatrix} 1 & 1 \\ 0 & 1 \end{bmatrix}, \boldsymbol{a} = \begin{bmatrix} 1 \\ -1 \end{bmatrix}$ のとき,次の連立線形微分方程式を解け.

$$\begin{cases} \dfrac{d}{dx}\boldsymbol{u} = A\boldsymbol{u} & \text{(微分方程式)} \\ \boldsymbol{u}(0) = \boldsymbol{a} & \text{(初期条件)} \end{cases}$$

解答 A は対角化できないが,定理 4.2 より,解は

$$\boldsymbol{u} = e^{xA}\boldsymbol{a}$$

で与えられるので,e^{xA} を求めよう.ケーリー-ハミルトンの定理より $(A-E)^2 = O$ に注意すると

$$\begin{aligned} e^{x(A-E)} &= E + x(A-E) + \frac{1}{2!}x^2(A-E)^2 + \frac{1}{3!}x^3(A-E)^3 + \cdots \\ &= E + x(A-E) + \frac{x^2}{2}O + \frac{x^3}{3!}(A-E)O + \cdots \\ &= E + x(A-E) + O + \cdots = E + x(A-E) \end{aligned}$$

したがって,$e^{xE} = e^x E$ より

$$e^{xA} = e^{x(A-E)}e^{xE} = \{E + x(A-E)\}(e^x E) = e^x\{E + x(A-E)\}$$

そこで,解は

$$\boldsymbol{u} = e^x\{E + x(A-E)\}\boldsymbol{a} = e^x \begin{bmatrix} 1 & x \\ 0 & 1 \end{bmatrix} \begin{bmatrix} 1 \\ -1 \end{bmatrix} = \begin{bmatrix} (1-x)e^x \\ -e^x \end{bmatrix}$$

問題

4.6 次の初期値問題を解け.

$$\frac{d}{dx}\begin{bmatrix} u(x) \\ v(x) \end{bmatrix} = \begin{bmatrix} 2 & 1 \\ 0 & 2 \end{bmatrix}\begin{bmatrix} u(x) \\ v(x) \end{bmatrix},\quad \begin{bmatrix} u(0) \\ v(0) \end{bmatrix} = \begin{bmatrix} 1 \\ 3 \end{bmatrix}$$

4.7 定数変化法

連立線形微分方程式

$$\begin{cases} u_1'(x) = a_{11}(x)u_1(x) + a_{12}(x)u_2(x) + f_1(x) \\ u_2'(x) = a_{21}(x)u_1(x) + a_{22}(x)u_2(x) + f_2(x) \end{cases} \quad (*)$$

と連立線形同次微分方程式

$$\begin{cases} u_1'(x) = a_{11}(x)u_1(x) + a_{12}(x)u_2(x) \\ u_2'(x) = a_{21}(x)u_1(x) + a_{22}(x)u_2(x) \end{cases} \quad (**)$$

を考える．$(**)$ の基本解を $\boldsymbol{u}_1(x) = \begin{bmatrix} u_{11}(x) \\ u_{21}(x) \end{bmatrix}, \boldsymbol{u}_2(x) = \begin{bmatrix} u_{12}(x) \\ u_{22}(x) \end{bmatrix}$ とすると，$(**)$ の一般解は

$$\boldsymbol{u}(x) = c_1 \boldsymbol{u}_1 + c_2 \boldsymbol{u}_2$$
$$= \begin{bmatrix} u_{11}(x) & u_{12}(x) \\ u_{21}(x) & u_{22}(x) \end{bmatrix} \begin{bmatrix} c_1 \\ c_2 \end{bmatrix}$$

と表される．ここに，c_1, c_2 は定数である．

これを利用して，$(*)$ の解を求める方法を示そう．

さて，c_1, c_2 を x の関数 $C_1(x), C_2(x)$ で置き換えると

$$\boldsymbol{u}(x) = C_1(x)\boldsymbol{u}_1(x) + C_2(x)\boldsymbol{u}_2(x)$$
$$= \begin{bmatrix} u_{11}(x) & u_{12}(x) \\ u_{21}(x) & u_{22}(x) \end{bmatrix} \begin{bmatrix} C_1(x) \\ C_2(x) \end{bmatrix}$$

これが，$(*)$ を満たすように，$C_1(x), C_2(x)$ を定める方法を**定数変化法**と呼ぶ．

例題 4.10 — 連立線形微分方程式の定数変化法

同次形 (**) の基本解 $\boldsymbol{u}_1(x) = \begin{bmatrix} u_{11}(x) \\ u_{21}(x) \end{bmatrix}$, $\boldsymbol{u}_2(x) = \begin{bmatrix} u_{12}(x) \\ u_{22}(x) \end{bmatrix}$ に対して

$$\boldsymbol{u}(x) = \begin{bmatrix} u_{11}(x) & u_{12}(x) \\ u_{21}(x) & u_{22}(x) \end{bmatrix} \begin{bmatrix} C_1(x) \\ C_2(x) \end{bmatrix}$$

が (*) の解のとき

$$\begin{bmatrix} C_1'(x) \\ C_2'(x) \end{bmatrix} = \begin{bmatrix} u_{11}(x) & u_{12}(x) \\ u_{21}(x) & u_{22}(x) \end{bmatrix}^{-1} \begin{bmatrix} f_1(x) \\ f_2(x) \end{bmatrix} \tag{4.1}$$

を示せ.

解答 $\boldsymbol{u}(x)$ を微分すると

$$\boldsymbol{u}'(x) = \begin{bmatrix} \boldsymbol{u}_1'(x) & \boldsymbol{u}_2'(x) \end{bmatrix} \begin{bmatrix} C_1(x) \\ C_2(x) \end{bmatrix} + \begin{bmatrix} \boldsymbol{u}_1(x) & \boldsymbol{u}_2(x) \end{bmatrix} \begin{bmatrix} C_1'(x) \\ C_2'(x) \end{bmatrix}$$

$$= A(x)\boldsymbol{u}(x) + \begin{bmatrix} \boldsymbol{u}_1(x) & \boldsymbol{u}_2(x) \end{bmatrix} \begin{bmatrix} C_1'(x) \\ C_2'(x) \end{bmatrix}$$

そこで

$$\boldsymbol{u}'(x) = A(x)\boldsymbol{u}(x) + \begin{bmatrix} f_1(x) \\ f_2(x) \end{bmatrix}$$

となるとき

$$\begin{bmatrix} \boldsymbol{u}_1(x) & \boldsymbol{u}_2(x) \end{bmatrix} \begin{bmatrix} C_1'(x) \\ C_2'(x) \end{bmatrix} = \begin{bmatrix} f_1(x) \\ f_2(x) \end{bmatrix}$$

$W(x) = \begin{vmatrix} \boldsymbol{u}_1(x) & \boldsymbol{u}_2(x) \end{vmatrix} \neq 0$ だから, 逆行列を左からかけると求める式が示される.

4.7 定数変化法

例題 4.11 ― 定数変化法 ―

微分方程式について
$$\begin{cases} u_1'(x) = u_2(x) \\ u_2'(x) = 2u_1(x) - u_2(x) + 3e^x \end{cases}$$

(1) 同次形の微分方程式
$$\begin{cases} u_1'(x) = u_2(x) \\ u_2'(x) = 2u_1(x) - u_2(x) \end{cases}$$
の一般解を求めよ．

(2) 一般解を求めよ．

解答 (1)
$$\begin{bmatrix} u_1'(x) \\ u_2'(x) \end{bmatrix} = \begin{bmatrix} 0 & 1 \\ 2 & -1 \end{bmatrix} \begin{bmatrix} u_1(x) \\ u_2(x) \end{bmatrix}$$

より，例題 4.4 から
$$\begin{bmatrix} u_1(x) \\ u_2(x) \end{bmatrix} = c_1 \begin{bmatrix} e^x \\ e^x \end{bmatrix} + c_2 \begin{bmatrix} -e^{-2x} \\ 2e^{-2x} \end{bmatrix}$$

(2) (1) の解において，c_1, c_2 を x の関数 $C_1(x), C_2(x)$ で置き換えると
$$\begin{bmatrix} u_1(x) \\ u_2(x) \end{bmatrix} = C_1(x) \begin{bmatrix} e^x \\ e^x \end{bmatrix} + C_2(x) \begin{bmatrix} -e^{-2x} \\ 2e^{-2x} \end{bmatrix}$$

これが，求める微分方程式の解となるように $C_1(x), C_2(x)$ を定めよう．例題 4.10 の (4.1) より
$$\begin{bmatrix} e^x & -e^{-2x} \\ e^x & 2e^{-2x} \end{bmatrix} \begin{bmatrix} C_1'(x) \\ C_2'(x) \end{bmatrix} = \begin{bmatrix} 0 \\ 3e^x \end{bmatrix}$$

よって

$$\begin{bmatrix} C_1'(x) \\ C_2'(x) \end{bmatrix} = \begin{bmatrix} e^x & -e^{-2x} \\ e^x & 2e^{-2x} \end{bmatrix}^{-1} \begin{bmatrix} 0 \\ 3e^x \end{bmatrix}$$

$$= \frac{1}{3e^{-x}} \begin{bmatrix} 2e^{-2x} & e^{-2x} \\ -e^x & e^x \end{bmatrix} \begin{bmatrix} 0 \\ 3e^x \end{bmatrix}$$

$$= \frac{1}{3e^{-x}} \begin{bmatrix} 3e^{-x} \\ 3e^{2x} \end{bmatrix} = \begin{bmatrix} 1 \\ e^{3x} \end{bmatrix}$$

ここで,$C_1'(x) = 1, C_2'(x) = e^{3x}$ を解いて

$$\begin{bmatrix} C_1(x) \\ C_2(x) \end{bmatrix} = \begin{bmatrix} x + c_1 \\ \frac{1}{3}e^{3x} + c_2 \end{bmatrix}$$

したがって

$$\begin{bmatrix} u_1(x) \\ u_2(x) \end{bmatrix} = \begin{bmatrix} (x+c_1)e^x - (\frac{1}{3}e^{3x} + c_2)e^{-2x} \\ (x+c_1)e^x + 2(\frac{1}{3}e^{3x} + c_2)e^{-2x} \end{bmatrix}$$

$$= \begin{bmatrix} (x - \frac{1}{3})e^x + c_1 e^x - c_2 e^{-2x} \\ (x + \frac{2}{3})e^x + c_1 e^x + 2c_2 e^{-2x} \end{bmatrix}$$

問題

4.7 微分方程式

$$\begin{cases} u_1'(x) = u_2(x) \\ u_2'(x) = 2u_1(x) - u_2(x) + e^{2x} \end{cases}$$

を定数変化法を利用して解け.

4.8 オイラー法

初期値問題

$$\begin{bmatrix} u_1'(x) \\ u_2'(x) \end{bmatrix} = \begin{bmatrix} a_{11}(x) & a_{12}(x) \\ a_{21}(x) & a_{22}(x) \end{bmatrix} \begin{bmatrix} u_1(x) \\ u_2(x) \end{bmatrix} + \begin{bmatrix} f_1(x) \\ f_2(x) \end{bmatrix},$$

$$\begin{bmatrix} u_1(x_0) \\ u_2(x_0) \end{bmatrix} = \begin{bmatrix} a_1 \\ a_2 \end{bmatrix}$$

の近似解をオイラー法で求めてみよう.

(1) $\begin{bmatrix} u_{1,0} \\ u_{2,0} \end{bmatrix} = \begin{bmatrix} a_1 \\ a_2 \end{bmatrix}$ とする.

(2) $u'(x) \fallingdotseq \dfrac{u(x+h) - u(x)}{h}$ に注意すると, $x_n = x_0 + nh$, $u_{1,n} = u_1(x_n)$, $u_{2,n} = u_2(x_n)$ として

$$\begin{bmatrix} \dfrac{u_{1,n+1} - u_{1,n}}{h} \\ \dfrac{u_{2,n+1} - u_{2,n}}{h} \end{bmatrix} = \begin{bmatrix} a_{11}(x_n) & a_{12}(x_n) \\ a_{21}(x_n) & a_{22}(x_n) \end{bmatrix} \begin{bmatrix} u_{1,n} \\ u_{2,n} \end{bmatrix} + \begin{bmatrix} f_1(x_n) \\ f_2(x_n) \end{bmatrix}$$

これより, $\left\{ \begin{bmatrix} u_{1,n} \\ u_{2,n} \end{bmatrix} \right\}$ が満たす漸化式

$$\begin{bmatrix} u_{1,n+1} \\ u_{2,n+1} \end{bmatrix} = \begin{bmatrix} u_{1,n} \\ u_{2,n} \end{bmatrix} + h \begin{bmatrix} a_{11}(x_n) & a_{12}(x_n) \\ a_{21}(x_n) & a_{22}(x_n) \end{bmatrix} \begin{bmatrix} u_{1,n} \\ u_{2,n} \end{bmatrix} + h \begin{bmatrix} f_1(x_n) \\ f_2(x_n) \end{bmatrix}$$

$$= \left(\begin{bmatrix} 1 & 0 \\ 0 & 1 \end{bmatrix} + h \begin{bmatrix} a_{11}(x_n) & a_{12}(x_n) \\ a_{21}(x_n) & a_{22}(x_n) \end{bmatrix} \right) \begin{bmatrix} u_{1,n} \\ u_{2,n} \end{bmatrix}$$

$$+ h \begin{bmatrix} f_1(x_n) \\ f_2(x_n) \end{bmatrix}$$

が得られる.

例題 4.12 ──────────── オイラー法

初期値問題

$$\begin{bmatrix} u_1'(x) \\ u_2'(x) \end{bmatrix} = \begin{bmatrix} 0 & 1 \\ 2 & -1 \end{bmatrix} \begin{bmatrix} u_1(x) \\ u_2(x) \end{bmatrix} + \begin{bmatrix} 0 \\ 3e^x \end{bmatrix},$$

$$\begin{bmatrix} u_1(0) \\ u_2(0) \end{bmatrix} = \begin{bmatrix} 0 \\ 1 \end{bmatrix}$$

について
(1) 解を求めよ．
(2) (1) の解とオイラー法による近似解とを比較しよう．

解答 (1) 例題 4.11 から，一般解は

$$\begin{bmatrix} u_1(x) \\ u_2(x) \end{bmatrix} = \begin{bmatrix} (x - \frac{1}{3})e^x + c_1 e^x - c_2 e^{-2x} \\ (x + \frac{2}{3})e^x + c_1 e^x + 2c_2 e^{-2x} \end{bmatrix}$$

初期条件

$$\begin{bmatrix} 0 \\ 1 \end{bmatrix} = \begin{bmatrix} -\frac{1}{3} + c_1 - c_2 \\ \frac{2}{3} + c_1 + 2c_2 \end{bmatrix}$$

より，$c_1 = \frac{1}{3}, c_2 = 0$ となる．したがって，求める解は

$$\begin{bmatrix} u_1(x) \\ u_2(x) \end{bmatrix} = \begin{bmatrix} xe^x \\ (x+1)e^x \end{bmatrix}$$

(2) 近似解は，$x_0 = 0, x_n = nh$ として

$$\begin{bmatrix} u_{1,0} \\ u_{2,0} \end{bmatrix} = \begin{bmatrix} 0 \\ 1 \end{bmatrix},$$

$$\begin{bmatrix} \dfrac{u_{1,n+1} - u_{1,n}}{h} \\ \dfrac{u_{2,n+1} - u_{2,n}}{h} \end{bmatrix} = \begin{bmatrix} 0 & 1 \\ 2 & -1 \end{bmatrix} \begin{bmatrix} u_{1,n} \\ u_{2,n} \end{bmatrix} + \begin{bmatrix} 0 \\ 3e^{x_n} \end{bmatrix}$$

よって，漸化式

4.8 オイラー法

$$\begin{bmatrix} u_{1,n+1} \\ u_{2,n+1} \end{bmatrix} = \begin{bmatrix} u_{1,n} + hu_{2,n} \\ u_{2,n} + h(2u_{1,n} - u_{2,n}) + 3he^{x_n} \end{bmatrix}$$

が得られる.

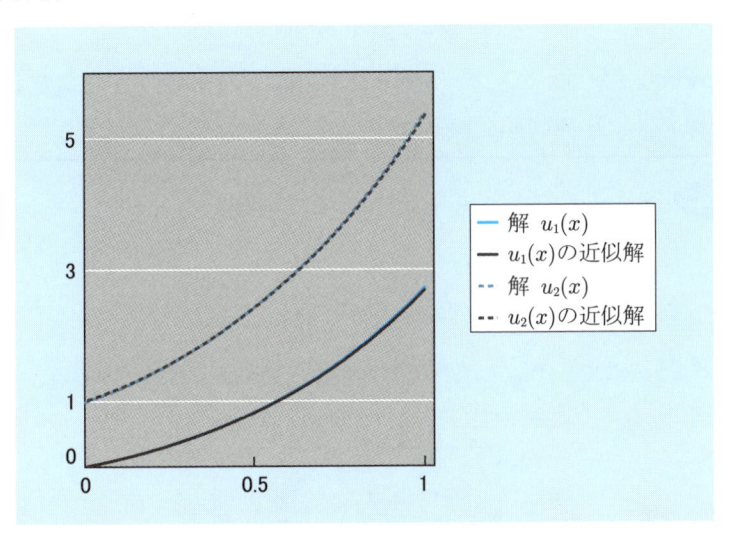

凡例:
— 解 $u_1(x)$
— $u_1(x)$の近似解
-- 解 $u_2(x)$
-- $u_2(x)$の近似解

問題

4.8 初期値問題

$$\begin{cases} u_1'(x) = -u_1(x) + 2 \\ u_2'(x) = -2u_2(x) + 2e^{-2x} \end{cases} \quad \begin{bmatrix} u_1(0) \\ u_2(0) \end{bmatrix} = \begin{bmatrix} 1 \\ 1 \end{bmatrix}$$

について
(1) 解を求めよ.
(2) (1)の解とオイラー法による近似解とを比較しよう.

例題 4.13 ─ ファン・デル・ポルの微分方程式

ファン・デル・ポルの微分方程式

$$\begin{cases} u'(x) = v(x) \\ v'(x) = \varepsilon(1 - u(x)^2)v(x) - u(x) \end{cases}$$

について,$\varepsilon = 0.3$ のとき,初期条件 $u(0) = 0, v(0) = 0.1$ を満たす解の組 $(u(x), v(x))$ の散布図を描こう.

解答 $t_n = nh$, $u_0 = 0$, $v_0 = 0.1$ として,漸化式

$$\begin{cases} \frac{u_{n+1} - u_n}{h} = v_n \\ \frac{v_{n+1} - v_n}{h} = \varepsilon(1 - u_n^2)v_n - u_n \end{cases}$$

が得られる.そこで,$\{(u_n, v_n)\}$ の散布図を描いてみると次のようになる.

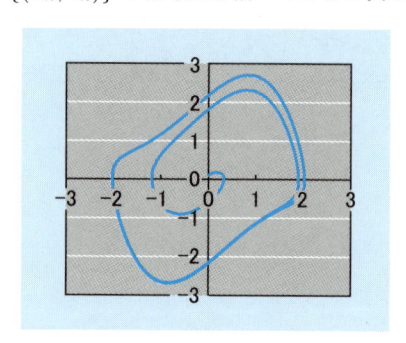

この散布図から,$\{(u_n, v_n)\}$ は外側の図形に近づいていくようにみえるが,果たしてどうでしょうか?

問題

4.9 例題 4.5 の方程式を修正して

$$\begin{bmatrix} x'(t) \\ y'(t) \end{bmatrix} = \begin{bmatrix} \alpha x(t) - \beta x(t)y(t) \\ \gamma x(t)y(t) - \delta y(t) \end{bmatrix}$$

を考える.$\alpha, \beta, \gamma, \delta = 1$,初期条件 $x(0) = 2, y(0) = 1$ のとき,$(x(t), y(t))$ の軌道を描いてみよう.

第5章

ラプラス変換

5.1 ラプラス変換

区間 $[0, \infty)$ 上の連続関数 $f(s)$ に対して

$$\mathcal{L}[f](t) = \int_0^\infty e^{-ts} f(s) \, ds$$

で定まる関数 $\mathcal{L}[f]$ を $f(s)$ のラプラス変換という．

> **定理 5.1** $[0, \infty)$ 上の連続関数 $f(s)$ が
>
> $$|f(s)| \leq Me^{\alpha s}$$
>
> を満足するならば，$\mathcal{L}[f](t)$ は $t > \alpha$ において有限値をとる．

証明 条件より

$$\int_0^\infty e^{-ts}|f(s)| \, ds \leq \int_0^\infty e^{-ts} Me^{\alpha s} ds = M \int_0^\infty e^{-(t-\alpha)s} \, ds$$

$t > \alpha$ のとき

$$\begin{aligned}
\int_0^\infty e^{-(t-\alpha)s} \, ds &= \left[\frac{e^{-(t-\alpha)s}}{-(t-\alpha)} \right]_0^\infty \\
&= \lim_{R \to \infty} \left[\frac{e^{-R}}{-(t-\alpha)} - \frac{e^0}{-(t-\alpha)} \right] \\
&= \frac{1}{t-\alpha} < \infty
\end{aligned}$$

□

5.2 基本的な関数のラプラス変換

基本的な関数のラプラス変換をまとめると次のようになる．

	$f(s)$	$\mathcal{L}[f(s)](t)$		$f(s)$	$\mathcal{L}[f(s)](t)$
(1)	1	$\dfrac{1}{t}$	(2)	$s^n\ (n=1,2,...)$	$\dfrac{n!}{t^{n+1}}$
(3)	e^{as}	$\dfrac{1}{t-a}$	(4)	$s^n e^{as}\ (n=1,2,...)$	$\dfrac{n!}{(t-a)^{n+1}}$
(5)	$\cos as$	$\dfrac{t}{t^2+a^2}$	(6)	$\sin as$	$\dfrac{a}{t^2+a^2}$
(7)	$e^{as}\cos bs$	$\dfrac{t-a}{(t-a)^2+b^2}$	(8)	$e^{as}\sin bs$	$\dfrac{b}{(t-a)^2+b^2}$

例題 5.1 ─────────────────────── ラプラス変換 (I) ─

(1) $\mathcal{L}[1](t) = \dfrac{1}{t} \quad (t>0)$ (2) $\mathcal{L}[s](t) = \dfrac{1}{t^2} \quad (t>0)$

(3) $\mathcal{L}[s^2](t) = \dfrac{2}{t^3} \quad (t>0)$ (4) $\mathcal{L}[e^{as}](t) = \dfrac{1}{t-a} \quad (t>a)$

(5) $\mathcal{L}[\cos as](t) = \dfrac{t}{a^2+t^2} \quad (t>0)$

(6) $\mathcal{L}[\sin as](t) = \dfrac{a}{a^2+t^2} \quad (t>0)$

解答 (1) $t>0$ のとき

$$\mathcal{L}[1](t) = \int_0^\infty e^{-ts}\,ds = \left[\dfrac{e^{-ts}}{-t}\right]_0^\infty = \dfrac{1}{t}$$

(2) $t>0$ のとき，部分積分法を利用して

$$\mathcal{L}[s](t) = \int_0^\infty e^{-ts} s\,ds = \left[\dfrac{e^{-ts}}{-t}s\right]_0^\infty - \int_0^\infty \dfrac{e^{-ts}}{-t}\,ds$$

$$= \int_0^\infty \dfrac{e^{-ts}}{t}\,ds = \left[\dfrac{e^{-ts}}{-t^2}\right]_0^\infty = \dfrac{1}{t^2}$$

5.2 基本的な関数のラプラス変換

(3) $t>0$ のとき, (2) と同じように部分積分法を利用して

$$\begin{aligned}
\mathcal{L}[s^2](t) &= \int_0^\infty e^{-ts} s^2 \, ds \\
&= \left[\frac{e^{-ts}}{-t} s^2\right]_0^\infty - \int_0^\infty \frac{e^{-ts}}{-t} 2s \, ds \\
&= 2\int_0^\infty \frac{e^{-ts}}{t} s \, ds \\
&= \frac{2}{t}\mathcal{L}[s](t) = \frac{2}{t}\frac{1}{t^2} = \frac{2}{t^3}
\end{aligned}$$

(4) $t>a$ のとき

$$\begin{aligned}
\mathcal{L}[e^{as}](t) &= \int_0^\infty e^{-(t-a)s} \, ds \\
&= \left[\frac{e^{-(t-a)s}}{-(t-a)}\right]_0^\infty \\
&= \frac{1}{t-a}
\end{aligned}$$

(5) $t>0$ のとき, $i=\sqrt{-1}$ として

$$\begin{aligned}
\mathcal{L}[e^{ias}](t) &= \int_0^\infty e^{-(t-ia)s} \, ds \\
&= \left[\frac{e^{-(t-ia)s}}{-(t-ia)}\right]_0^\infty \\
&= \frac{1}{t-ia} = \frac{t+ia}{t^2+a^2} \\
&= \frac{t}{t^2+a^2} + i\frac{a}{t^2+a^2}
\end{aligned}$$

$e^{ias} = \cos as + i\sin as$ だから, 実部を考えると

$$\mathcal{L}[\cos as](t) = \frac{t}{t^2+a^2}$$

さらに, 虚部を考えると

(6)
$$\mathcal{L}[\sin as](t) = \frac{a}{t^2+a^2}$$

例題 5.2 ラプラス変換 (II)

(1) $\mathcal{L}[s^n](t) = \dfrac{n!}{t^{n+1}}$ $(t > 0)$

(2) $\mathcal{L}[e^{as}y](t) = \mathcal{L}[y](t-a)$ $(t > a)$

解答 (1) 数学的帰納法で証明する．

[I] $n = 1$ のとき，例題 5.1 (2) から

$$\mathcal{L}[s](t) = \frac{1}{t^2}$$

[II] $n = k$ のとき，成立すると仮定する．$n = k+1$ のとき，部分積分法より

$$\begin{aligned}
\mathcal{L}[s^{k+1}](t) &= \int_0^\infty e^{-ts} s^{k+1} \, ds \\
&= \left[\frac{e^{-ts}}{-t} s^{k+1} \right]_0^\infty - \int_0^\infty \frac{e^{-ts}}{-t}(k+1) s^k \, ds \\
&= \frac{k+1}{t} \mathcal{L}[s^k](t) \\
&= \frac{k+1}{t} \frac{k!}{t^{k+1}} \quad (n = k \text{ のときの仮定より}) \\
&= \frac{(k+1)!}{t^{k+2}}
\end{aligned}$$

よって，$n = k+1$ のときも成立する．

(2) $t > a$ のとき

$$\begin{aligned}
\mathcal{L}[e^{as}y](t) &= \int_0^\infty e^{-ts} e^{as} y(s) \, ds \\
&= \int_0^\infty e^{-(t-a)s} y(s) \, ds = \mathcal{L}[y](t-a)
\end{aligned}$$

問題

5.1 $t > a$ のとき

$$\mathcal{L}[s^n e^{as}](t) = \frac{n!}{(t-a)^{n+1}}$$

を示せ．

5.3 ラプラス変換の微分積分

例題 5.3 ─────────────── ラプラス変換 (III)

(1) $\mathcal{L}[y'](t) = t\mathcal{L}[y](t) - y(0)$

(2) $\mathcal{L}[y^{(n)}](t) = t^n \mathcal{L}[y](t) - t^{n-1}y(0) - t^{n-2}y'(0) - \cdots - y^{(n-1)}(0)$

解答 (1)
$$\mathcal{L}[y'](t) = \int_0^\infty e^{-ts} y'(s)\, ds$$
$$= \left[e^{-ts} y(s) \right]_0^\infty - \int_0^\infty e^{-ts}(-t) y(s)\, ds$$
$$= -y(0) + t \int_0^\infty e^{-ts} y(s)\, ds$$
$$= -y(0) + t\mathcal{L}[y](t)$$

(2) 数学的帰納法で証明する.

[I] $n=1$ のとき, (1) より成立する.

[II] $n=k$ のとき成立すると仮定する. $n=k+1$ のとき

$$\mathcal{L}[y^{(k+1)}](t) = \int_0^\infty e^{-ts} y^{(k+1)}(s)\, ds$$
$$= \left[e^{-ts} y^{(k)}(s) \right]_0^\infty - \int_0^\infty e^{-ts}(-t) y^{(k)}(s)\, ds$$
$$= -y^{(k)}(0) + t\mathcal{L}[y^{(k)}](t)$$
$$= -y^{(k)}(0) + t\{ t^k \mathcal{L}[y](t) - t^{k-1}y(0) - t^{k-2}y'(0) - \cdots - y^{(k-1)}(0) \}$$
$$= t^{k+1}\mathcal{L}[y](t) - t^k y(0) - t^{k-1}y'(0) - \cdots - t y^{(k-1)}(0) - y^{(k)}(0)$$

よって, $n=k+1$ のときも成立することが示された.

問題

5.2 $Y(s) = \displaystyle\int_0^s y(\xi)\, d\xi$ とおくと

$$\mathcal{L}[Y](t) = \frac{1}{t} \mathcal{L}[y](t)$$

例題 5.4 ──────────────────── ラプラス変換 (IV)

(1) $\mathcal{L}[sy](t) = -\dfrac{d}{dt}\mathcal{L}[y](t)$

(2) $\mathcal{L}[s^n y](t) = (-1)^n \dfrac{d^n}{dt^n}\mathcal{L}[y](t)$

(3) $t > -a$ のとき, $\mathcal{L}[s^n e^{-as}](t) = \dfrac{n!}{(t+a)^{n+1}}$

解答 (1)
$$\begin{aligned}
\frac{d}{dt}\mathcal{L}[y](t) &= \frac{d}{dt}\int_0^\infty e^{-ts}y(s)\,ds \\
&= \int_0^\infty \frac{d}{dt}\left(e^{-ts}y(s)\right)ds \\
&= \int_0^\infty (-s)e^{-ts}y(s)\,ds \\
&= -\mathcal{L}[sy](t)
\end{aligned}$$

(2) 数学的帰納法で証明する.
[I] $n=1$ のとき, (1) より成立する.
[II] $n=k$ のとき成立すると仮定する. $n=k+1$ のとき

$$\begin{aligned}
\frac{d^{k+1}}{dt^{k+1}}\mathcal{L}[y](t) &= \frac{d^k}{dt^k}\left(-\mathcal{L}[sy](t)\right) \\
&= -\frac{d^k}{dt^k}\mathcal{L}[sy](t) \\
&= -(-1)^k \mathcal{L}[s^k(sy)](t) \\
&= (-1)^{k+1}\mathcal{L}[s^{k+1}y](t)
\end{aligned}$$

よって, $k=n+1$ のときも成立する.

(3) (2) より

$$\begin{aligned}
\mathcal{L}[s^n e^{-as}](t) &= (-1)^n \frac{d^n}{dt^n}\mathcal{L}[s^{-as}](t) \\
&= (-1)^n \frac{d^n}{dt^n}\frac{1}{t+a} \\
&= \frac{n!}{(t+a)^{n+1}}
\end{aligned}$$

5.4 ラプラス変換の逆変換

定理 5.2 $[0, \infty)$ 上の連続関数 $f_1(s), f_2(s)$ が

$$|f_j(s)| \leq Me^{\alpha s} \qquad (j = 1, 2)$$

を満足する．$t > \alpha$ のとき

$$\mathcal{L}[f_1](t) = \mathcal{L}[f_2](t)$$

であれば，$f_1(s) = f_2(s)$ である．

証明 $f(s) = f_2(s) - f_1(s)$ とおくと，$t > \alpha$ のとき

$$\mathcal{L}[f](t) = \mathcal{L}[f_2](t) - \mathcal{L}[f_1](t) = 0$$

よって，$n = 0, 1, 2, \cdots$ に対して

$$\mathcal{L}[s^n f](t) = (-1)^n \frac{d^n}{dt^n} \mathcal{L}[f](t) = 0$$

したがって，多項式 $P(x) = c_0 + c_1 x + \cdots + c_n x^n$ に対して

$$\int_0^\infty e^{-ts} f(s) P(s)\, ds = \sum_{k=0}^n c_k \mathcal{L}[s^k f](t) = 0$$

$f(s)$ を多項式 $P(x)$ で近似することによって

$$\int_0^\infty e^{-ts} f(s)^2 \, ds = 0$$

これから，$f(s) = 0$，すなわち，$f_1 = f_2$ が示される． □

5.5 ラプラス変換による微分方程式の解法

ラプラス変換を利用して，微分方程式を解くことを考える．

例題 5.5 ━━━━━━━━ ラプラス変換による微分方程式の解法 (I) ━━

初期値問題
$$y'' - y' - 2y = s, \qquad y(0) = y'(0) = 1$$
について
(1) $\mathcal{L}[y'' - y' - 2y](t)$ を $\mathcal{L}[y](t)$ を用いて表せ．
(2) $\mathcal{L}[y](t)$ を求めよ．
(3) 解を求めよ．

解答 (1) 例題 5.3 より

$$\mathcal{L}[y'](t) = t\mathcal{L}[y](t) - y(0) = t\mathcal{L}[y](t) - 1,$$

$$\mathcal{L}[y''](t) = t^2\mathcal{L}[y](t) - ty(0) - y'(0) = t^2\mathcal{L}[y](t) - t - 1$$

だから

$$\begin{aligned}
\mathcal{L}[y'' - y' - 2y](t) &= \mathcal{L}[y''](t) - \mathcal{L}[y'](t) - 2\mathcal{L}[y](t) \\
&= \{t^2\mathcal{L}[y](t) - t - 1\} - \{t\mathcal{L}[y](t) - 1\} - 2\mathcal{L}[y](t) \\
&= (t^2 - t - 2)\mathcal{L}[y](t) - t
\end{aligned}$$

(2) $\mathcal{L}[s](t) = \dfrac{1}{t^2}$ だから

$$\mathcal{L}[y'' - y' - 2y](t) = \mathcal{L}[s](t) = \frac{1}{t^2}$$

よって

$$(t^2 - t - 2)\mathcal{L}[y](t) = \frac{1}{t^2} + t = \frac{1 + t^3}{t^2}$$

したがって

$$\mathcal{L}[y](t) = \frac{1 + t^3}{t^2(t^2 - t - 2)} = \frac{(t+1)(t^2 - t + 1)}{t^2(t+1)(t-2)} = \frac{t^2 - t + 1}{t^2(t-2)}$$

(3) $\dfrac{t^2-t+1}{t^2(t-2)} = \dfrac{a}{t} + \dfrac{b}{t^2} + \dfrac{c}{t-2}$ とおき，分母を払うと

$$t^2 - t + 1 = at(t-2) + b(t-2) + ct^2$$

とくに，$t=0$ とすると $b = -\dfrac{1}{2}$，$t=2$ とすると $c = \dfrac{3}{4}$. さらに，t^2 の係数を比較すると

$$1 = a + c$$

よって，$a = \dfrac{1}{4}$. したがって

$$\mathcal{L}[y](t) = \dfrac{1}{4t} - \dfrac{1}{2t^2} + \dfrac{3}{4(t-2)}$$

ここで，$\mathcal{L}[1](t) = \dfrac{1}{t}$, $\mathcal{L}[s](t) = \dfrac{1}{t^2}$, $\mathcal{L}[e^{2s}](t) = \dfrac{1}{t-2}$ に注意すると，$t > 2$ のとき

$$\mathcal{L}[y](t) = \mathcal{L}\left[\dfrac{1}{4} - \dfrac{1}{2}s + \dfrac{3}{4}e^{2s}\right](t)$$

定理 5.2 より

$$y = \dfrac{1}{4} - \dfrac{1}{2}s + \dfrac{3}{4}e^{2s}$$

問題

5.3 初期値問題
$$y'' - y = s, \qquad y(0) = y'(0) = 1$$
について
(1) $\mathcal{L}[y'' - y](t)$ を $\mathcal{L}[y](t)$ を用いて表せ．
(2) $\mathcal{L}[y](t)$ を求めよ．
(3) 解を求めよ．

例題 5.6 ― ラプラス変換による微分方程式の解法 (II) ―

初期値問題
$$y''' + y = 2e^s, \qquad y(0) = y'(0) = y''(0) = 1$$

について
(1) $\mathcal{L}[y''' + y](t)$ を $\mathcal{L}[y](t)$ を用いて表せ．
(2) $\mathcal{L}[y](t)$ を求めよ．
(3) 解を求めよ．

解答 (1) $\mathcal{L}[y'''](t) = t^3 \mathcal{L}[y](t) - y(0)t^2 - y'(0)t - y''(0)$
$\qquad\qquad\qquad = t^3 \mathcal{L}[y](t) - (t^2 + t + 1)$

だから $\qquad \mathcal{L}[y''' + y](t) = (t^3 + 1)\mathcal{L}[y](t) - (t^2 + t + 1)$

(2) $\mathcal{L}[e^s](t) = \dfrac{1}{t-1}$ だから

$$\mathcal{L}[y''' + y](t) = \mathcal{L}[2e^s](t) = \frac{2}{t-1}$$

よって，$t > 1$ のとき

$$(t^3 + 1)\mathcal{L}[y](t) = \frac{2}{t-1} + (t^2 + t + 1) = \frac{t^3 + 1}{t-1}$$

したがって，$\qquad \mathcal{L}[y](t) = \dfrac{1}{t-1}$

(3) $t > 1$ のとき，$\mathcal{L}[y](t) = \dfrac{1}{t-1} = \mathcal{L}[e^s](t)$ だから $y = e^s$．

問題

5.4 初期値問題
$$y''' + 2y = 2s, \qquad y(0) = 0,\ y'(0) = 1,\ y''(0) = 0$$

について
(1) $\mathcal{L}[y''' + 2y](t)$ を $\mathcal{L}[y](t)$ を用いて表せ．
(2) $\mathcal{L}[y](t)$ を求めよ．
(3) 解を求めよ．

5.6 ラプラス変換による連立微分方程式の解法

ラプラス変換を利用して，定数係数の連立微分方程式を解いてみよう．

例題 5.7 ─────── ラプラス変換による連立微分方程式の解法 ─

連立微分方程式の初期値問題

$$\begin{cases} x' = y + 1 \\ y' = -x \end{cases}, \qquad x(0) = 1,\ y(0) = 0$$

について
(1) $\mathcal{L}[x](t), \mathcal{L}[y](t)$ を求めよ．
(2) 解を求めよ．

解答 (1) $t\mathcal{L}[x](t) - 1 = \mathcal{L}[y](t) + \dfrac{1}{t},\ t\mathcal{L}[y](t) = -\mathcal{L}[x](t)$ から

$$\mathcal{L}[x](t) = \frac{t+1}{t^2+1},$$

$$\mathcal{L}[y](t) = -\frac{t+1}{t(t^2+1)}$$

(2) $\mathcal{L}[x](t) = \dfrac{t+1}{t^2+1} = \mathcal{L}[\cos s](t) + \mathcal{L}[\sin s](t)$ より

$$x = \cos s + \sin s$$

$\mathcal{L}[y](t) = -\dfrac{t+1}{t(t^2+1)} = \dfrac{-1}{t} + \dfrac{t-1}{t^2+1} = \mathcal{L}[-1 + \cos s \sin s](t)$ より

$$y = -1 + \cos s - \sin s$$

問題

5.5 連立微分方程式の初期値問題

$$\begin{cases} x' = -2x - y + 2 \\ y' = -x - 2y + 1 \end{cases}, \qquad x(0) = 2,\ y(0) = 0$$

について
(1) $\mathcal{L}[x](t),\ \mathcal{L}[y](t)$ を求めよ．
(2) 解を求めよ．

第6章

級数による解法

6.1 整級数

x を変数とする級数

$$c_0 + c_1(x-a) + c_2(x-a)^2 + \cdots + c_n(x-a)^n + \cdots \quad (*)$$

を a を中心とする**整級数**または**べき級数**という.

整級数 $(*)$ について,その部分和

$$S_n(x) = c_0 + c_1(x-a) + c_2(x-a)^2 + \cdots + c_n(x-a)^n$$

を考える.整級数 $(*)$ が x で**収束**するとは,部分和が作る数列 $\{S_n(x)\}$ が収束するときをいう.

整級数 $(*)$ の各項の絶対値をとって作った整級数

$$|c_0| + |c_1||x-a| + |c_2||x-a|^2 + \cdots + |c_n||x-a|^n + \cdots$$

が収束するとき,整級数 $(*)$ は x で**絶対(値)収束**するという.

> **定理 6.1** 整級数 $(*)$ について
> (1) x で絶対値収束するならば,x で収束する.
> (2) x_0 で収束するならば,$|x-a| < |x_0-a|$ となる x で絶対値収束する.

証明 (1) 部分和からできる数列 $\{S_n(x)\}$ について

6.1 整級数

$$|S_{n+k}(x) - S_n(x)| \leq |c_{n+1}||x-a|^{n+1} + \cdots + |c_{n+k}||x-a|^{n+k}$$
$$\leq |c_{n+1}||x-a|^{n+1} + \cdots + |c_{n+k}||x-a|^{n+k} + \cdots$$

右辺は $n \to \infty$ のとき 0 に収束するので,$\{S_n(x)\}$ はコーシー列となり,したがって,収束する.

補足 数列 $\{a_n\}$ がコーシー列であるとは,いかなる正の数 ε をとっても,n, m がある自然数より大きければ

$$|a_n - a_m| < \varepsilon$$

となるときをいう.数列 $\{a_n\}$ が収束するための必要十分条件は $\{a_n\}$ がコーシー列になることである.

(2) 整級数 $(*)$ が x_0 で収束するとき,$\{S_n(x_0)\}$ は収束するので有界である.すなわち

$$|c_n||x_0 - a|^n \leq M$$

となる定数 $M > 0$ が存在する.$|x-a| < |x_0-a|$ のとき

$$|c_0| + |c_1||x-a| + \cdots + |c_n||x-a|^n$$
$$\leq M + \frac{M}{|x_0-a|}|x-a| + \cdots + \frac{M}{|x_0-a|^n}|x-a|^n$$
$$\leq M + M\frac{|x-a|}{|x_0-a|} + \cdots + M\left(\frac{|x-a|}{|x_0-a|}\right)^n$$

右辺は公比 $\dfrac{|x-a|}{|x_0-a|} < 1$ の等比数列だから収束する.したがって,整級数 $(*)$ は x で絶対値収束する. □

定理 6.1 から,整級数 $(*)$ が収束するような x の絶対値で一番大きいもの

$$R = \sup\{|x| \mid \{S_n(x)\} \text{ が収束}\}$$

を考える.このとき

(1) $|x-a| < R$ となる x で整級数 $(*)$ は絶対値収束する.
(2) $|x-a| > R$ となる x で整級数 $(*)$ は収束しない.

そこで,R を整級数 $(*)$ の**収束半径**と呼ぶ.また,円盤

$$\Delta(a, R) = \{x \mid |x-a| < R\}$$

を整級数 $(*)$ の**収束円**という.

> **定理 6.2** 整級数 $(*)$ において, $\displaystyle\lim_{n\to\infty}\frac{|c_n|}{|c_{n+1}|}$ が存在するとき
>
> (1) 収束半径は $\displaystyle R = \lim_{n\to\infty}\frac{|c_n|}{|c_{n+1}|}$
>
> (2) $S(x) = c_0 + c_1(x-a) + c_2(x-a)^2 + \cdots + c_n(x-a)^n + \cdots$ とおくと, $|x-a| < R$ において $S(x)$ は微分可能であり
>
> $$S'(x) = c_1 + 2c_2(x-a) + \cdots + nc_n(x-a)^{n-1} + \cdots$$
>
> (3) $\displaystyle c_n = \frac{S^{(n)}(a)}{n!}$

証明 (1) $\displaystyle R' < \lim_{n\to\infty}\frac{|c_n|}{|c_{n+1}|}$ とすると, $n \geq n_0$ であれば

$$R' < \frac{|c_n|}{|c_{n+1}|}$$

となるような自然数 n_0 が存在する. このとき

$$|c_{n+k}| \leq \frac{|c_{n+(k-1)}|}{R'} \leq \frac{|c_{n+(k-2)}|}{R'^2} \leq \cdots \leq \frac{|c_n|}{R'^k}$$

よって

$$|c_n||x-a|^n + |c_{n+1}||x-a|^{n+1} + \cdots + |c_{n+k}||x-a|^{n+k}$$
$$\leq |c_n||x-a|^n + \frac{|c_n|}{R'}|x-a|^{n+1} + \cdots + \frac{|c_n|}{R'^k}|x-a|^{n+k}$$
$$= |c_n||x-a|^n \left\{1 + \frac{|x-a|}{R'} + \cdots + \left(\frac{|x-a|}{R'}\right)^k\right\}$$

よって, $|x-a| < R'$ のとき収束する. R はこのような R' の上限であるので

$$R \geq \lim_{n\to\infty}\frac{|c_n|}{|c_{n+1}|}$$

次に, 逆の不等式を示すために

$$R > R' > \lim_{n\to\infty}\frac{|c_n|}{|c_{n+1}|}$$

として, 矛盾を導こう. $n \geq n_0$ であれば

6.1 整級数

$$R' > \frac{|c_n|}{|c_{n+1}|}$$

となるような自然数 n_0 が存在する．このとき

$$|c_{n+k}| \geq \frac{|c_{n+(k-1)}|}{R'} \geq \frac{|c_{n+(k-2)}|}{R'^2} \geq \cdots \geq \frac{|c_n|}{R'^k}$$

よって，$R' < |x-a| < R$ とすると

$$|c_n||x-a|^n + |c_{n+1}||x-a|^{n+1} + \cdots + |c_{n+k}||x-a|^{n+k}$$
$$\geq |c_n||x-a|^n + \frac{|c_n|}{R'}|x-a|^{n+1} + \cdots + \frac{|c_n|}{R'^k}|x-a|^{n+k}$$
$$= |c_n||x-a|^n \left\{ 1 + \frac{|x-a|}{R'} + \cdots + \left(\frac{|x-a|}{R'}\right)^k \right\} \to \infty \quad (n \to \infty)$$

これから，整級数 $(*)$ は絶対値収束しないことになり矛盾が得られる．

(2) 整級数 $T(x) = c_1 + 2c_2(x-a) + \cdots + nc_n(x-a)^{n-1} + \cdots$ について

$$\lim_{n \to \infty} \frac{|(n+1)c_{n+1}|}{|(n+2)c_{n+2}|} = \lim_{n \to \infty} \frac{n+1}{n+2} \frac{|c_{n+1}|}{|c_{n+2}|} = 1 \cdot R = R$$

だから，$(*)$ と同じ収束半径をもつ．そこで

$$\int_a^x T_n(t)\,dt = \int_a^x \{c_1 + 2c_2(t-a) + \cdots + (n+1)c_{n+1}(t-a)^n\}\,dt$$
$$= c_1(x-a) + c_2(x-a)^2 + \cdots + c_{n+1}(x-a)^{n+1}$$

において，$n \to \infty$ とすれば

$$S(x) = c_0 + \int_a^x T(t)\,dt$$

両辺を x で微分すれば，(2) の等式が示される．

(3) まず，$S(a) = c_0$ であることがわかる．同じく，(2) から，$S'(a) = c_1$ である．そこで，$S(x)$ を n 回微分すると

$$S^{(n)}(x) = c_n\,(n!) + 2c_{n+1}(n+1) \cdot \cdots \cdot (x-a) + \cdots$$

よって，$c_n = \dfrac{S^{(n)}(a)}{n!}$ であることが示される． □

例題 6.1　　　　　　　　　　　　　　　　　　　　整級数

整級数 $1+x+x^2+x^3+\cdots$ について
(1) 収束半径を求めよ．
(2) 整級数を簡単な形に表せ．
(3) 整級数 $1+2x+3x^2+\cdots$ を簡単な形に表せ．

解答　(1) 係数は $c_n=1$ で $\displaystyle\lim_{n\to\infty}\frac{|c_n|}{|c_{n+1}|}=1$ だから，定理 6.2 (1) より収束半径 $R=1$ である．

(2) 公比 x の等比級数であるから，$|x|<1$ のとき
$$1+x+x^2+x^3+\cdots=\frac{1}{1-x}$$

(3) 上の等式において，両辺を x で微分すると
$$0+1+2x+3x^2+\cdots=\left(\frac{1}{1-x}\right)'=\frac{1}{(1-x)^2}$$

よって
$$1+2x+3x^2+\cdots=\frac{1}{(1-x)^2}$$

注意　複素数 z の整級数 $1+z+z^2+z^3+\cdots$ は $|z|<1$ のとき収束する．複素数平面において，不等式 $|z|<1$ は，原点を中心として半径 1 の円の内部を表す．

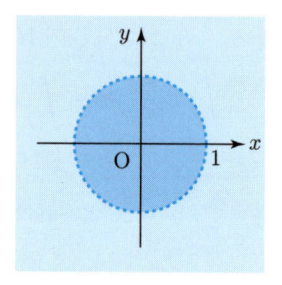

問題

6.1　整級数 $E(x)=1+x+\dfrac{x^2}{2!}+\dfrac{x^3}{3!}+\cdots$ について
(1) 収束半径を求めよ．
(2) $E(x)$ を微分せよ．
(3) $E(x)$ を簡単な形に表せ．

6.2　$\displaystyle\lim_{n\to\infty}\sqrt[n]{|c_n|}$ が存在するとき，$R=\dfrac{1}{\displaystyle\lim_{n\to\infty}\sqrt[n]{|c_n|}}$ を示せ．

6.2 級数による微分方程式の解法

微分方程式の解を整級数で表すことを考える．

例題 6.2 ──────────── 整級数による微分方程式の解法 ─

微分方程式
$$y' - 2xy = 2x$$
について
$$y = c_0 + c_1 x + c_2 x^2 + \cdots + c_n x^n + \cdots$$
が解となるように係数 c_n を決定せよ．

解答 $y = c_0 + c_1 x + c_2 x^2 + \cdots + c_n x^n + \cdots$ を微分方程式に代入すると

$$(c_1 + 2c_2 x + \cdots + nc_n x^{n-1} + \cdots) - 2x(c_0 + c_1 x + c_2 x^2 + \cdots + c_n x^n + \cdots) = 2x$$

定数項は $c_1 = 0$, x の係数は $2c_2 - 2c_0 = 2$, x^2 の係数は $3c_3 - 2c_2 = 0$, $\cdots$, x^n $(n \geq 2)$ の係数は
$$(n+1)c_{n+1} - 2c_{n-1} = 0$$

よって
$$c_1 = 0, \quad c_2 = c_0 + 1, \quad c_3 = \frac{2}{3}c_1 = 0,$$
$$c_4 = \frac{2}{4}c_2 = \frac{1}{2}(c_0 + 1), \quad c_5 = \frac{2}{5}c_3 = 0,$$
$$c_6 = \frac{2}{6}c_4 = \frac{1}{3}\frac{1}{2}(c_0 + 1) = \frac{1}{3!}(c_0 + 1), \quad \cdots$$

すなわち
$$\begin{cases} c_1 &= 0 \\ c_2 &= c_0 + 1 \\ &\vdots \\ c_{2n-1} &= 0 \\ c_{2n} &= (c_0 + 1)\frac{1}{n!} \\ &\vdots \end{cases}$$

したがって，求める整級数解は

$$y = c_0 + (c_0+1)x^2 + \frac{1}{2}(c_0+1)x^4 + \cdots + \frac{1}{n!}(c_0+1)x^{2n} + \cdots$$
$$= (c_0+1)\left(1 + x^2 + \frac{1}{2}x^4 + \cdots + \frac{1}{n!}x^{2n} + \cdots\right) - 1$$

補足 級数解は

$$y = (c_0+1)e^{x^2} - 1$$

と表される．最初の微分方程式は，1階線形微分方程式である．これは，2.4節の結果において，$P(x) = \int(-2x)dx = -x^2$ に注意すると

$$\begin{aligned}y &= e^{x^2}\left(\int e^{-x^2}(2x)\,dx + C\right) \\ &= e^{x^2}\left(-e^{-x^2} + C\right) \\ &= -1 + Ce^{x^2}\end{aligned}$$

と一致する．

問題

6.3 微分方程式
$$y' = (1+x)^2 + x^2 y - y^2$$
の解を求めよ．

6.4 微分方程式
$$y'' + y = x$$
について
$$y = c_0 + c_1 x + c_2 x^2 + \cdots + c_n x^n + \cdots$$
が解となるように係数 c_n を決定せよ．

6.3 エルミートの微分方程式

定数 m に対して，微分方程式

$$y'' - 2xy' + 2my = 0$$

はエルミートの微分方程式と呼ばれる．

例題 6.3 ──────── エルミートの微分方程式 ─

エルミートの微分方程式

$$y'' - 2xy' + 2my = 0$$

の $x = 0$ のまわりでの整級数解を求めよ．

解答

$$y = c_0 + c_1 x + c_2 x^2 + \cdots + c_n x^n + \cdots$$

を微分方程式に代入すると

$$(2c_2 + \cdots + n(n-1)c_n x^{n-2} + \cdots) - 2x(c_1 + 2c_2 x + \cdots + nc_n x^{n-1} + \cdots)$$
$$+ 2m(c_0 + c_1 x + c_2 x^2 + \cdots + c_n x^n + \cdots) = 0$$

係数を比較すると

$$2c_2 + 2mc_0 = 0, \quad 3 \cdot 2 c_3 - 2c_1 + 2mc_1 = 0$$

$n \geq 2$ のとき x^n の係数は

$$(n+2)(n+1)c_{n+2} - 2nc_n + 2mc_n = 0$$

よって

$$c_2 = -mc_0, \quad c_3 = \frac{2(1-m)}{3 \cdot 2} c_1$$

で，$n \geq 2$ のとき

$$c_{n+2} = \frac{2(n-m)}{(n+2)(n+1)}c_n$$

したがって

$$y = c_0 + c_1 x + c_2 x^2 + \cdots + c_n x^n + \cdots$$
$$= \left\{ c_0 + (-mc_0)x^2 + \frac{2(2-m)}{4\cdot 3}(-mc_0)x^4 + \frac{2(4-m)}{6\cdot 5}\frac{2(2-m)}{4\cdot 3}(-mc_0)x^6 + \cdots \right\}$$
$$+ \left\{ c_1 x + \frac{2(1-m)}{3\cdot 2}c_1 x^3 + \frac{2(3-m)}{5\cdot 4}\frac{2(1-m)}{3\cdot 2}c_1 x^5 + \cdots \right\}$$
$$= c_0 y_1 + c_1 y_2$$

ここに

$$y_1 = 1 + \sum_{n=1}^{\infty} \frac{(-1)^n 2^n m(m-2)\cdots(m-2n+2)}{(2n)!} x^{2n},$$

$$y_2 = x + \sum_{n=1}^{\infty} \frac{(-1)^n 2^n (m-1)(m-3)\cdots(m-2n+1)}{(2n+1)!} x^{2n+1}$$

問題

6.5 (1) エルミートの微分方程式

$$y'' - 2xy' + 4y = 0$$

において，y_1 を求めよ．

(2) エルミートの微分方程式

$$y'' - 2xy' + 6y = 0$$

において，y_2 を求めよ．

6.4 ルジャンドルの微分方程式

定数 m に対して, 微分方程式

$$(1-x^2)y'' - 2xy' + m(m+1)y = 0$$

はルジャンドルの微分方程式と呼ばれる.

例題 6.4 ──────────────── ルジャンドルの微分方程式 ─

ルジャンドルの微分方程式

$$(1-x^2)y'' - 2xy' + m(m+1)y = 0$$

の $x=0$ のまわりでの整級数解 $y = c_0 + c_1 x + c_2 x^2 + \cdots + c_n x^n + \cdots$
について

(1) 係数 $\{c_n\}$ は漸化式

$$c_{n+2} = -\frac{(m-n)(m+n+1)}{(n+2)(n+1)} c_n$$

を満たすことを示せ.

(2) $y(0) = 0, y'(0) = 1$ となる解を y_1,
$y(0) = 1, y'(0) = 0$ となる解を y_2
とするとき, 一般解は

$$y = C_1 y_1 + C_2 y_2 \quad (C_1, C_2 は定数)$$

と表されることを示せ.

(3) m が自然数のとき, y_1, y_2 のどちらかは m 次の多項式であることを示せ.

解答 $y = c_0 + c_1 x + c_2 x^2 + \cdots + c_n x^n + \cdots$ を微分方程式に代入すると

$$(1-x^2)(2c_2 + \cdots + n(n-1)c_n x^{n-2} + \cdots)$$
$$-2x(c_1 + 2c_2 x + \cdots + nc_n x^{n-1} + \cdots)$$
$$+m(m+1)(c_0 + c_1 x + c_2 x^2 + \cdots + c_n x^n + \cdots) = 0$$

係数を比較すると
$$2c_2 + m(m+1)c_0 = 0,$$
$$3 \cdot 2c_3 - 2c_1 + m(m+1)c_1 = 0$$

$n \geq 2$ のとき
$$\{(n+2)(n+1)c_{n+2} - n(n-1)c_n\} - 2nc_n + m(m+1)c_n = 0$$

よって
$$c_2 = -\frac{m(m+1)}{2}c_0, \quad c_3 = -\frac{m(m+1)-2}{6}c_1$$

かつ $n \geq 2$ のとき
$$c_{n+2} = -\frac{m(m+1) - n(n+1)}{(n+2)(n+1)}c_n = -\frac{(m-n)(m+n+1)}{(n+2)(n+1)}c_n$$

この式は $n = 0, 1$ のときも成り立つ.

(2) $W[y_1, y_2](0) \neq 0$

(3) m が奇数で $y(0) = c_0 = 0$ のとき, $c_2 = c_4 = \cdots = 0$. また, $c_{n+2} = 0$ $(n \geq m)$ に注意すると, $c_n = 0$ $(n > m)$ となるので, y_1 は m 次の多項式である.

m が偶数で $y'(0) = c_1 = 0$ のとき, $c_3 = c_5 = \cdots = 0$. また, $c_{n+2} = 0$ $(n \geq m)$ に注意すると, $c_n = 0$ $(n > m)$ となるので, y_2 は m 次の多項式である.

問題

6.6 m が自然数のとき
$$P_m(x) = \frac{1}{2^m m!}\frac{d^m}{dx^m}(x^2-1)^m$$
はルジャンドルの多項式と呼ばれる. ルジャンドルの多項式はルジャンドルの微分方程式の解であることを示せ.

6.5 ベッセルの微分方程式

微分方程式

$$xy'' + y' + xy = 0$$

は，0 次のベッセルの微分方程式と呼ばれる．

例題 6.5 ──────── 0 次のベッセルの微分方程式

整級数 $\sum_{n=0}^{\infty} c_n x^n$ が，0 次のベッセルの微分方程式

$$xy'' + y' + xy = 0$$

について
(1) $y_1 = 1 + c_1 x + c_2 x^2 + \cdots + c_n x^n + \cdots$ が解となるように $\{c_n\}$ を定めよ．
(2) $y_2 = y_1 \log x + \{c_0 + c_1 x + c_2 x^2 + \cdots + c_n x^n + \cdots\}$ も解となるように $\{c_n\}$ を定めよ．

解答 (1) $y_1 = 1 + c_1 x + c_2 x^2 + \cdots + c_n x^n + \cdots$ を微分方程式に代入すると

$$x(2c_2 + \cdots + n(n-1)c_n x^{n-2} + \cdots) + (c_1 + 2c_2 x + \cdots + nc_n x^{n-1} + \cdots)$$
$$+ x(1 + c_1 x + c_2 x^2 + \cdots + c_n x^n + \cdots) = 0$$

係数を比較すると

$$c_1 = 0, \quad 2c_2 + 2c_2 + 1 = 0$$

$n \geq 3$ のとき

$$n(n-1)c_n + nc_n + c_{n-2} = 0$$

よって

$$c_1 = 0, \quad c_2 = \frac{-1}{4}$$

で，$n \geq 3$ のとき

$$c_n = \frac{-1}{n^2} c_{n-2}$$

よって，$c_1 = c_3 = c_5 = \cdots = 0$ で
$$y = \sum_{n=0}^{\infty} \frac{(-1)^n}{2^{2n}(n!)^2} x^{2n}$$

(2) $y_2 = y_1 \log x + z$ が解とし，微分方程式に代入すると

$$x(y_1 \log x + z)'' + (y_1 \log x + z)' + x(y_1 \log x + z)$$
$$= x\left(y_1'' \log x + \frac{2y_1'}{x} - \frac{y_1}{x^2} + z''\right) + \left(y_1' \log x + \frac{y_1}{x} + z'\right) + x(y_1 \log x + z)$$
$$= (xy_1'' + y_1' + xy_1)\log x + 2y_1' + (xz'' + z' + xz)$$
$$= 2y_1' + (xz'' + z' + xz)$$

よって
$$xz'' + z' + xz = -2y_1'$$

上式に $z = c_0 + c_1 x + c_2 x^2 + \cdots + c_n x^n + \cdots$ を代入すると

$$x(2c_2 + \cdots + n(n-1)c_n x^{n-2} + \cdots) + (c_1 + 2c_2 x + \cdots + nc_n x^{n-1} + \cdots)$$
$$+ x(c_0 + c_1 x + c_2 x^2 + \cdots + c_n x^n + \cdots)$$
$$= -2y_1' = -2\sum_{n=1}^{\infty} \frac{(-1)^n}{2^{2n}(n!)^2} 2n x^{2n-1}$$

係数を比較すると
$$c_1 = 0, \quad 2c_2 + 2c_2 + c_0 = 1$$

$n \geq 2$ のとき
$$(2n)(2n-1)c_{2n} + 2nc_{2n} + c_{2n-2} = -2\frac{(-1)^n}{2^{2n}(n!)^2} 2n,$$
$$(2n-1)(2n-2)c_{2n-1} + (2n-1)c_{2n-1} + c_{2n-3} = 0$$

よって，$c_1 = c_3 = c_5 = \cdots = 0$ かつ
$$c_{2n} = \frac{-1}{(2n)^2} c_{2n-2} - \frac{(-1)^n}{2^{2n}(n!)^2 n}$$

したがって，$z = \sum_{n=1}^{\infty} \frac{(-1)^{n-1}}{2^{2n}(n!)^2}\left(1 + \frac{1}{2} + \cdots + \frac{1}{n}\right) x^{2n}$

6.6 ガウスの微分方程式

微分方程式

$$x(x-1)y'' + \{(\alpha+\beta+1)x - \gamma\}y' + \alpha\beta y = 0$$

は，ガウスの微分方程式と呼ばれる．ここに，α, β, γ は定数である．

例題 6.6 ──────────── ガウスの微分方程式 ─

ガウスの微分方程式
$$x(x-1)y'' + (3x-2)y' + y = 0 \tag{6.1}$$
について
(1) $y = 1 + c_1 x + c_2 x^2 + \cdots + c_n x^n + \cdots$ が解となるように $\{c_n\}$ を定めよ．
(2) $F(\alpha, \beta, \gamma; x)$
$$= 1 + \frac{\alpha\beta}{1 \cdot \gamma}x + \frac{\alpha(\alpha+1)\beta(\beta+1)}{1 \cdot 2\gamma(\gamma+1)}x^2$$
$$+ \frac{\alpha(\alpha+1)(\alpha+2)\beta(\beta+1)(\beta+2)}{1 \cdot 2 \cdot 3\gamma(\gamma+1)(\gamma+2)}x^3 + \cdots$$
とおいたとき，(1) の解を $F(\alpha, \beta, \gamma; x)$ を用いて表せ（$F(\alpha, \beta, \gamma; x)$ は**超幾何級数**と呼ばれる）．

解答 (1) $y = 1 + c_1 x + c_2 x^2 + \cdots + c_n x^n + \cdots$ を微分方程式に代入すると

$$x(x-1)(2c_2 + \cdots + n(n-1)c_n x^{n-2} + \cdots)$$
$$+ (3x-2)(c_1 + 2c_2 x + \cdots + nc_n x^{n-1} + \cdots)$$
$$+ (1 + c_1 x + c_2 x^2 + \cdots + c_n x^n + \cdots) = 0$$

係数を比較すると

$$-2c_1 + 1 = 0, \quad -2c_2 - 4c_2 + 3c_1 + c_1 = 0$$

$n \geq 3$ のとき

$$n(n-1)c_n - (n+1)nc_{n+1} + 3nc_n - 2(n+1)c_{n+1} + c_n = 0$$

よって

$$c_1 = \frac{1}{2}, \quad c_2 = \frac{4}{6}c_1$$

で, $n \geq 2$ のとき

$$c_{n+1} = \frac{n^2 + 2n + 1}{(n+1)(n+2)}c_n = \frac{n+1}{n+2}c_n$$

よって, $c_1 = \frac{1}{2}, c_2 = \frac{1}{3}, c_{n+1} = \frac{1}{n+2}$ だから

$$y = \sum_{n=0}^{\infty} \frac{1}{n+1} x^n$$

(2) $\alpha = 1, \beta = 1, \gamma = 2$ のとき

$$\begin{aligned} F(1,1,2;x) &= 1 + \frac{1}{1 \cdot 2}x + \frac{2! \cdot 2!}{2! \cdot 3!}x^2 + \frac{3! \cdot 3!}{3! \cdot 4!}x^3 + \cdots \\ &= \sum_{n=0}^{\infty} \frac{1}{n+1} x^n \end{aligned}$$

問題

6.7 次の関数を超幾何級数 $F(\alpha, \beta, \gamma; x)$ を用いて表せ.

(1) $\log(1+x)$

(2) $(1+x)^\alpha$

(3) $\tan^{-1} x$

第7章

高階微分方程式と微分演算子法

7.1 微分演算子

x の関数 y の微分を

$$Dy = \frac{d}{dx}y = y'$$

とおく．$D^1 = D$ として

$$D^2 y = D(Dy) = y'' = y^{(2)}$$
$$D^3 y = D(D^2 y) = y''' = y^{(3)}$$
$$\vdots$$
$$D^{n+1} y = D(D^n y) = y^{(n+1)}$$

と次々に定める．ここで，便宜上の目的で，$D^0 = I$，すなわち

$$D^0 y = Iy = y$$

と定める．

さて，多項式

$$f(t) = c_0 + c_1 t + \cdots + c_n t^n$$

に対して，$f(D)$ を

$$f(D)y = c_0 D^0 y + c_1 Dy + \cdots + c_n D^n y$$

と定め，**微分演算子**と呼ぶ．このとき

$$f(D) = c_0 D^0 + c_1 D^1 + \cdots + c_n D^n$$

と表す．

> **定理 7.1**
> (1) 微分演算子 $f(D)$, 定数 a, b と関数 y, z に対して
> $$f(D)(ay + bz) = af(D)y + bf(D)z \qquad \text{(線形性)}$$
> (2) 微分演算子 $f(D), g(D)$ に対して
> $$g(D)(f(D)y) = f(D)(g(D)y) \qquad \text{(交換法則)}$$
> (3) $h(t) = g(t)f(t)$ とすると
> $$h(D)y = g(D)(f(D)y) = f(D)(g(D)y) \qquad \text{(微分演算子の積)}$$

証明 (1) 定義より

$$f(D)(ay+bz) = c_0 D^0(ay+bz) + c_1 D^1(ay+bz) + \cdots + c_n D^n(ay+bz)$$

である．ここで

$$D^k(ay+bz) = (ay+bz)^{(k)} = ay^{(k)} + bz^{(k)}$$

に注意すれば

$$\begin{aligned} f(D)(ay+bz) &= c_0(ay+bz) + c_1(ay^{(1)} + bz^{(1)}) + \cdots + c_n(ay^{(n)} + bz^{(n)}) \\ &= a(c_0 y + c_1 y^{(1)} + \cdots + c_n y^{(n)}) + b(c_0 z + c_1 z^{(1)} + \cdots + c_n z^{(n)}) \\ &= af(D)y + bf(D)z \end{aligned}$$

(2), (3) $f(t) = t^m, g(t) = t^n$ のときを示そう．このとき，$h(t) = t^{m+n}$ である．さて

$$\begin{aligned} g(D)(f(D)y) &= g(D)y^{(m)} = y^{(m+n)} = h(D)y, \\ f(D)(g(D)y) &= f(D)y^{(n)} = y^{(n+m)} = h(D)y \end{aligned}$$

したがって

$$g(D)(f(D)y) = f(D)(g(D)y) = h(D)y$$

一般のときを各自試みて欲しい． □

7.1 微分演算子

例題 7.1 ──────────────────────── 微分演算子 (I)

(1) $D^n e^{ax} = a^n e^{ax}$
(2) $D^{2n} \cos(ax+b) = a^{2n}(-1)^n \cos(ax+b)$
(3) $D^{2n} \sin(ax+b) = a^{2n}(-1)^n \sin(ax+b)$

解答 (1) $n=1$ のとき, $D^1 e^{ax} = \left(e^{ax}\right)' = ae^{ax}$. これを繰り返すと

$$D^2 e^{ax} = D^1(D^1 e^{ax}) = D^1(ae^{ax}) = a^2 e^{ax},$$
$$D^3 e^{ax} = D^1(D^2 e^{ax}) = D^1(a^2 e^{ax}) = a^3 e^{ax}, \quad \cdots$$

と順次計算され,(1) が示される.

(2) $n=1$ のとき

$$\begin{aligned}
D^2 \cos(ax+b) &= (-1)a^2 \cos(ax+b), \\
D^4 \cos(ax+b) &= D^2(D^2 \cos(ax+b)) \\
&= D^2((-1)a^2 \cos(ax+b)) \\
&= (-1)a^2 D^2 \cos(ax+b) \\
&= \{(-1)a^2\}^2 \cos(ax+b) \\
&= a^4(-1)^2 \cos(ax+b)
\end{aligned}$$

これを繰り返して,結論の式が示される.

(3) (2) と同様に,$n=1$ のとき

$$D^2 \sin(ax+b) = (-1)a^2 \sin(ax+b)$$

これを繰り返して証明される.

問題

7.1 $f(t) = c_0 + c_1 t + \cdots + c_n t^n$ のとき

$$f(D)e^{ax} = f(a)e^{ax}$$

を示せ.

> **例題 7.2** ──────────────── 微分演算子 (II) ─
> (1) $(D-3I)y$ を y とその微分 y' を用いて表せ.
> (2) $(D-2I)(D-3I)y$ を y とその微分 y', y'' を用いて表せ.
> (3) $(D-3I)(D-2I)y$ を y とその微分 y', y'' を用いて表せ.
> (4) $(D-2I)(D-3I)y = (D^2 - 5D + 6I)y$ を示せ.

解答 (1) $(D-3I)y = Dy - 3y = y' - 3y$

(2) $(D-2I)(D-3I)y = (D-2I)(y'-3y) = D(y'-3y) - 2(y'-3y)$
$= (y'' - 3y') - 2(y' - 3y) = y'' - 5y' + 6y$

(3) $(D-3I)(D-2I)y = (D-3I)(y'-2y) = D(y'-2y) - 3(y'-2y)$
$= (y'' - 2y') - 3(y' - 3y) = y'' - 5y' + 6y$

(4) (2) から
$(D-2I)(D-3I)y = y'' - 5y' + 6y = (D^2 - 5D + 6I)y$

7.2 逆演算子

さて
$$f(D)y = z$$
のとき
$$y = \frac{1}{f(D)}z \quad \text{または} \quad y = f(D)^{-1}z$$
と表す. $f(D)^{-1}$ は**逆演算子**または**積分演算子**と呼ばれる.
ところで
$$g(D)(f(D)y) = z$$
とすると
$$f(D)y = \frac{1}{g(D)}z,$$
$$y = \frac{1}{f(D)}\left(\frac{1}{g(D)}z\right) \quad \text{または} \quad y = f(D)^{-1}g(D)^{-1}z$$
である.

7.2 逆演算子

例題 7.3 ──────────────── 逆演算子

次を示せ.

(1) $\dfrac{1}{D}y = \displaystyle\int y(x)\,dx$. とくに

$$\dfrac{1}{D}0 = C \quad (C：定数)$$

(2) $\dfrac{1}{D-aI}y = e^{ax}\displaystyle\int e^{-ax}y(x)\,dx$. とくに

$$\dfrac{1}{D-aI}0 = Ce^{ax} \quad (C：定数)$$

解答 (1) $D\left(\displaystyle\int y(x)\,dx\right) = \left(\displaystyle\int y(x)\,dx\right)' = y$ より

$$\dfrac{1}{D}y = \int y(x)\,dx$$

(2) 右辺に $D - aI$ を作用させると

$$(D-aI)\left(e^{ax}\int e^{-ax}y(x)\,dx\right)$$

$$= \left(e^{ax}\int e^{-ax}y(x)\,dx\right)' - a\left(e^{ax}\int e^{-ax}y(x)\,dx\right)$$

$$= (e^{ax})'\int e^{-ax}y(x)\,dx + e^{ax}\left(\int e^{-ax}y(x)\,dx\right)' - a\left(e^{ax}\int e^{-ax}y(x)\,dx\right)$$

$$= ae^{ax}\int e^{-ax}y(x)\,dx + e^{ax}e^{-ax}y(x) - a\left(e^{ax}\int e^{-ax}y(x)\,dx\right)$$

$$= y(x) = y$$

これより, 求める等式を得る.

問題

7.2 $D\left(\dfrac{1}{D}y\right) = y$ を示せ.

例題 7.4 ── 2階線形微分方程式の微分演算子による解法

微分方程式 $y'' - 5y' + 6y = 0$ について
(1) $D^2 - 5D + 6I = (D - 2I)(D - 3I)$ を示せ.
(2) $y_1 = \dfrac{1}{D - 2I} 0$ は解であることを示せ.
(3) $y_2 = \dfrac{1}{D - 3I} 0$ は解であることを示せ.
(4) 微分方程式の一般解は $y_1 + y_2$ で与えられることを示せ.

解答 (1) $h(t) = t^2 - 5t + 6$ とおくと
$$h(t) = (t-2)(t-3)$$
$f(t) = t - 2, g(t) = t - 3$ とおくと
$$h(t) = f(t)g(t)$$
よって, 定理 7.1 (2) を適用すればよい.
(2) $(D - 2I)(D - 3I)y_1 = (D - 3I)(D - 2I)y_1 = (D - 3I)0 = 0$
(3) $(D - 2I)(D - 3I)y_2 = (D - 2I)0 = 0$
(4) $(D - 2I)y_1 = y_1' - 2y_1 = 0$ の一般解は
$$y_1 = Ae^{2x}$$
$(D - 3I)y_2 = y_2' - 3y_2 = 0$ の一般解は
$$y_2 = Be^{3x}$$
定理 3.3 (1) によると, 微分方程式の一般解は
$$y = Ae^{2x} + Be^{3x} = y_1 + y_2$$
である.

問題

7.3 微分方程式 $y'' - y' - 2y = 0$ の一般解を求めよ.

7.4 (1) $\dfrac{1}{(D - aI)^2} 0$ を計算せよ.

(2) 微分方程式 $y'' - 4y' + 4y = 0$ の一般解を求めよ.

7.3 高階の微分方程式

3階の微分方程式
$$y''' + ay'' + by' + cy = 0 \tag{$*$}$$
において, $y_1 = y, y_2 = y', y_3 = y''$ とおくと, 線形微分方程式
$$\begin{cases} y_1' = y' = y_2 \\ y_2' = y'' = y_3 \\ y_3' = y''' = -ay'' - by' - cy = -ay_3 - by_2 - cy_1 \end{cases}$$
が得られる. この解の存在は, 定理 4.3 と同じように保証される.

さて, ($*$) の特性方程式 $\lambda^3 + a\lambda^2 + b\lambda + c = 0$ が異なる3つの実数解 α, β, γ をもつとすると
$$\begin{aligned} y''' + ay'' + by' + cy &= (D^3 + aD^2 + bD + I)y \\ &= (D - \alpha I)(D - \beta I)(D - \gamma I)y \end{aligned}$$
このとき
$$(D - \alpha I)y = 0$$
の解は, ($*$) の解でもある. この一般解は $y = Ce^{\alpha x}$ と表される. したがって
$$y_1 = e^{\alpha x}, \quad y_2 = e^{\beta x}, \quad y_3 = e^{\gamma x}$$
は ($*$) の解である.

そこで, ロンスキーの行列式 $W[y_1, y_2, y_3]$ を計算してみよう.
$$W[y_1, y_2, y_3] = \begin{vmatrix} y_1 & y_2 & y_3 \\ y_1' & y_2' & y_3' \\ y_1'' & y_2'' & y_3'' \end{vmatrix} = \begin{vmatrix} e^{\alpha x} & e^{\beta x} & e^{\gamma x} \\ \alpha e^{\alpha x} & \beta e^{\beta x} & \gamma e^{\gamma x} \\ \alpha^2 e^{\alpha x} & \beta^2 e^{\beta x} & \gamma^2 e^{\gamma x} \end{vmatrix}$$
$$= e^{\alpha x} e^{\beta x} e^{\gamma x} \begin{vmatrix} 1 & 1 & 1 \\ \alpha & \beta & \gamma \\ \alpha^2 & \beta^2 & \gamma^2 \end{vmatrix} = e^{(\alpha + \beta + \gamma)x}(\alpha - \beta)(\beta - \gamma)(\gamma - \alpha) \neq 0$$

したがって, 定理 3.2 と同様に, ($*$) の一般解は $y = Ae^{\alpha x} + Be^{\beta x} + Ce^{\gamma x}$ と表される. ここに, A, B, C は定数である.

> **例題 7.5** ─────高解微分方程式の微分演算子による解法 (I)─
>
> 微分方程式 $y''' - 6y'' + 11y' - 6y = 0$ について
> (1) $D^3 - 6D^2 + 11D - 6I = (D-I)(D-2I)(D-3I)$ を示せ.
> (2) $y_1 = \dfrac{1}{D-I}0$ は解であることを示せ.
> (3) $y_2 = \dfrac{1}{D-2I}0$ は解であることを示せ.
> (4) $y_3 = \dfrac{1}{D-3I}0$ は解であることを示せ.
> (5) 微分方程式の一般解は $y_1 + y_2 + y_3$ で与えられることを示せ.

解答 (1) $h(t) = t^3 - 6t^2 + 11t - 6$ とおくと

$$h(t) = (t-1)(t-2)(t-3)$$

これより, (1) が示される.
(2) $(D-I)(D-2I)(D-3I)y_1 = (D-3I)(D-2I)(D-I)y_1$
$= (D-2I)(D-3I)0 = 0$
(3) $(D-I)(D-2I)(D-3I)y_2 = (D-I)(D-3I)(D-2I)y_2$
$= (D-I)(D-3I)0 = 0$
(4) $(D-I)(D-2I)(D-3I)y_3 = (D-I)(D-2I)0 = 0$
(5) $y_1 = Ae^x, y_2 = Be^{2x}, y_3 = Ce^{3x}$ は基本解であるから, 一般解はこれらの和で与えられる.

問題

7.5 微分方程式 $y''' - 2y'' - y' + 2 = 0$ の一般解を求めよ.

7.3 高階の微分方程式

3階の微分方程式 (*) の特性方程式が1つの実数解 α と重解 β をもつとき

$$y''' + ay'' + by' + cy = (D - \alpha I)(D - \beta I)^2$$

ここで

$$(D - \beta I)^2 y = 0$$

の一般解は

$$y = (B + Cx)e^{\beta x}$$

と表される．ロンスキーの行列式

$$W[y_1, y_2, y_3] = \begin{vmatrix} e^{\alpha x} & e^{\beta x} & xe^{\beta x} \\ \alpha e^{\alpha x} & \beta e^{\beta x} & e^{\beta x} + \beta xe^{\beta x} \\ \alpha^2 e^{\alpha x} & \beta^2 e^{\beta x} & 2\beta e^{\beta x} + \beta^2 xe^{\beta x} \end{vmatrix}$$

$$= e^{\alpha x} e^{\beta x} e^{\beta x} \begin{vmatrix} 1 & 1 & x \\ \alpha & \beta & 1 + \beta x \\ \alpha^2 & \beta^2 & 2\beta + \beta^2 x \end{vmatrix}$$

$$= e^{(\alpha + \beta + \beta)x} (\beta - \alpha)^2$$

$$\neq 0$$

したがって，この節のはじめに述べたように，(*) の一般解は

$$y = Ae^{\alpha x} + Be^{\beta x} + Cxe^{\beta x}$$

と表される．ここに，A, B, C は定数である．

(*) の特性方程式が1つの実数解 α と複素数解 $p \pm qi$ をもつとき

$$y''' + ay'' + by' + cy = (D - \alpha I)\{(D - pI)^2 + q^2 I\}y$$

ここで

$$\{(D - pI)^2 + q^2 I\}y = 0$$

の一般解は

$$y = e^{px}(A\cos qx + B\sin qx)$$

と表される．ロンスキーの行列式

$W[y_1, y_2, y_3]$

$= \begin{vmatrix} e^{\alpha x} & e^{px}\cos qx & e^{px}\sin qx \\ \alpha e^{\alpha x} & pe^{px}\cos qx - qe^{px}\sin qx & pe^{px}\sin qx + qe^{px}\cos qx \\ \alpha^2 e^{\alpha x} & ke^{px}\cos qx - 2pqe^{px}\sin qx & ke^{px}\sin qx + 2pqe^{px}\cos qx \end{vmatrix}$

$= e^{\alpha x}e^{px}e^{px}q\{(\alpha-p)^2 + q^2\}$

$\neq 0$

ここに，$k = p^2 - q^2$．

したがって，(∗) の一般解は

$$y = Ae^{px}\cos qx + Be^{px}\sin qx + Ce^{\alpha x}$$

と表される．ここに，A, B, C は定数である．

問題

7.6 微分方程式 $y''' - y'' + y' - 1 = 0$ について

(1) $D^3 - D^2 + D - I = (D - I)(D^2 + I)$ を示せ．

(2) $y_1 = \dfrac{1}{D - I} 0$ は解であることを示せ．

(3) $y_2 = \dfrac{1}{D^2 + I} 0$ は解であることを示せ．

(4) 微分方程式の一般解は $y_1 + y_2$ で与えられることを示せ．

7.3 高階の微分方程式

例題 7.6 ────── 高階微分方程式の微分演算子による解法 (II)

微分方程式 $y''' - y'' - y' + y = 0$ について
(1) $D^3 - D^2 - D + I = (D+I)(D-I)^2$ を示せ.
(2) $y_1 = \dfrac{1}{D+I} 0$ は解であることを示せ.
(3) $y_2 = \dfrac{1}{(D-I)^2} 0$ は解であることを示せ.
(4) 微分方程式の一般解は $y_1 + y_2$ で与えられることを示せ.

解答 (1) $h(t) = t^3 - t^2 - t + 1$ とおくと
$$h(t) = (t+1)(t-1)^2$$
これより, (1) が示される.
(2) $(D+I)(D-I)^2 y_1 = (D-I)^2(D+I) y_1$
$\qquad\qquad\qquad\quad = (D-I)^2 0 = 0$
(3) $(D+I)(D-I)^2 y_2 = (D+I) 0 = 0$
(4) (2) の一般解は $y_1 = Ce^{-x}$, (3) の一般解は $y_2 = e^x(Ax+B)$ である.
e^{-x}, e^x, xe^x は基本解であるから, 一般解は $y = y_1 + y_2$ である.

問 題

7.7 微分方程式 $y''' + y'' - y' - 1 = 0$ の一般解を求めよ.
7.8 微分方程式 $y''' - 3y'' + 3y' - y = 0$ について
(1) $D^3 - 3D^2 + 3D - I = (D-I)^3$ を示せ.
(2) 一般解 $y = \dfrac{1}{(D-I)^3} 0$ を求めよ.

第 8 章

偏微分方程式

8.1 偏微分

変数 $x, y, \cdots$ の関数 $u = u(x, y, \cdots)$ について，x 以外の変数は定数とみなして x で微分することを **x で偏微分する**といい，それを

$$\frac{\partial u}{\partial x} \quad \text{または} \quad u_x$$

と表す．同様に，y 以外の変数は定数とみなして y で微分することを **y で偏微分する**といい，それを

$$\frac{\partial u}{\partial y} \quad \text{または} \quad u_y$$

と表す．

x, y に関する偏微分 $\dfrac{\partial u}{\partial x}, \dfrac{\partial u}{\partial y}$ を再び x, y で偏微分すると

$$\frac{\partial}{\partial x}\left(\frac{\partial u}{\partial x}\right) = u_{xx}, \quad \frac{\partial}{\partial y}\left(\frac{\partial u}{\partial x}\right) = u_{xy},$$

$$\frac{\partial}{\partial x}\left(\frac{\partial u}{\partial y}\right) = u_{yx}, \quad \frac{\partial}{\partial y}\left(\frac{\partial u}{\partial y}\right) = u_{yy}$$

が定義される．さらに，これらを x, y で偏微分すると

$$\frac{\partial}{\partial x}\left(\frac{\partial}{\partial x}\left(\frac{\partial u}{\partial x}\right)\right) = u_{xxx}, \quad \frac{\partial}{\partial y}\left(\frac{\partial}{\partial x}\left(\frac{\partial u}{\partial x}\right)\right) = u_{xxy}, \quad \cdots$$

が定義される．

この章では，簡単のため，変数は x, y の 2 つに限る．

> **例題 8.1**
>
> 関数 $u = x^2 + y^4$ について
> (1) u_x, u_y を求めよ.
> (2) $u_{xx}, u_{xy}, u_{yx}, u_{yy}$ を求めよ.

解答 (1) $u_x = 2x, \quad u_y = 4y^3$
(2) $u_{xx} = 2, \quad u_{xy} = 0,$
$u_{yx} = 0, \quad u_{yy} = 12y^2$

8.2 偏微分方程式

変数 x, y, その関数 $u = u(x, y)$ や偏微分 $u_x, u_y, u_{xx}, u_{xy}, \cdots$ を含む式を**偏微分方程式**という.

> **例題 8.2**
>
> a, b を定数とする関数 $u = f(ax + by)$ について
> (1) u_x, u_y を求めよ.
> (2) u_x, u_y が満たす偏微分方程式を求めよ.

解答 (1) $u_x = af'(ax + by), \quad u_y = bf'(ax + by)$
(2) (1) から f を消去すると

$$\begin{aligned} bu_x - au_y &= baf'(ax + by) - abf'(ax + by) \\ &= 0 \end{aligned}$$

8.3 1階線形偏微分方程式

1階までの偏微分を含む式

$$au_x + bu_y + cu = f$$

を **1階線形偏微分方程式**という．ここに，$a = a(x,y), b = b(x,y), c = c(x,y), f = f(x,y)$ である．$f = 0$ のとき

$$au_x + bu_y + cu = 0$$

を **1階線形同次偏微分方程式**という．

例題 8.3 ─────────────────── 1階偏微分方程式 ─

1階偏微分方程式

$$u_x = 0$$

の解は $u(x,y) = \varphi(y)$ （y のみの関数）と表されることを示せ．

解答　y を固定して，x の関数とみて平均値定理を用いると

$$u(b,y) - u(a,y) = (b-a)u_x(c,y)$$

となる c が a, b の間に存在する．仮定より

$$u(b,y) - u(a,y) = 0$$

よって，$\varphi(y) = u(a,y)$ とおくと $u(x,y) = \varphi(y)$ が成立する．

問題

8.1 1階偏微分方程式

$$u_y = 0$$

の解は $u(x,y) = \psi(x)$ （x のみの関数）と表されることを示せ．

8.3 1階線形偏微分方程式

例題 8.4 ────────────── 1階線形同次偏微分方程式 ─

a, b, c は定数で $a^2 + b^2 \neq 0$ とする．1階線形同次偏微分方程式

$$au_x + bu_y + cu = 0$$

の解は
(1) $a = 0$ のとき，$u(x, y) = \varphi(x)e^{-(c/b)y}$
(2) $a \neq 0$ のとき，$u(x, y) = \varphi(bx - ay)e^{-(c/a)x}$

と表されることを示せ．ここに，φ は任意関数である．

解答 (1) $a = 0$ のとき，b で割って

$$u_y + \frac{c}{b}u = 0$$

両辺に $e^{(c/b)y}$ をかけると

$$\left(e^{(c/b)y}u\right)_y = 0$$

したがって，解は $u = \psi(x)e^{-(c/b)y}$ の形である．

(2) $a \neq 0$ として，$\begin{bmatrix} \xi \\ \eta \end{bmatrix} = \begin{bmatrix} 1 & 0 \\ b & -a \end{bmatrix} \begin{bmatrix} x \\ y \end{bmatrix}$ と変数を変換すると

$$u_x = u_\xi \xi_x + u_\eta \eta_x = u_\xi + u_\eta b, \quad u_y = u_\xi \xi_y + u_\eta \eta_y = u_\eta(-a)$$

よって，$\quad a(u_\xi + bu_\eta) + b(-au_\eta) + cu = au_\xi + cu = 0$

(1) のときのように，両辺に $e^{(c/a)\xi}$ をかけると $\left(e^{(c/a)\xi}u\right)_\xi = 0$ となる．
したがって，解は $u = \varphi(\eta)e^{-(c/a)\xi}$ の形である．すなわち

$$u = \varphi(bx - ay)e^{-(c/a)x}$$

補足 $b \neq 0$ であれば

$$\varphi(bx - ay)e^{-(c/a)x} = \varphi(bx - ay)e^{-(c/ab)(bx-ay)}e^{-(c/b)y} = \psi(ay - bx)e^{-(c/b)y}$$

と変形されるので，解はいろいろな形で表されることがわかる．

問題

8.2 次の1階偏微分方程式の解を求めよ．
   (1) $u_x + 2u = 0$ (2) $u_y + 2u = 0$

第 8 章　偏微分方程式

a, b, c は定数で $a \neq 0$ として，1 階偏微分方程式

$$au_x + bu_y + cu = f \tag{$*$}$$

と同次形の偏微分方程式

$$au_x + bu_y + cu = 0 \tag{$**$}$$

を考える．

> **定理 8.1** $(**)$ の一般解 u_1 と $(*)$ の 1 つの解（**特殊解**）u_0 がわかったとき，$(*)$ の一般解は
> $$u = u_1 + u_0$$
> で与えられる．

証明　u_0 は $(*)$ の解だから

$$a(u_0)_x + b(u_0)_y + c(u_0) = f$$

よって，$(*)$ の解 u に対して

$$\begin{aligned}
& a(u - u_0)_x + b(u - u_0)_y + c(u - u_0) \\
&= a(u)_x + b(u)_y + c(u) - \{a(u_0)_x + b(u_0)_y + c(u_0)\} \\
&= f - f = 0
\end{aligned}$$

したがって，$u - u_0 = u_1$ は $(**)$ の解である．　□

ところで，$(**)$ の一般解は

$$u_1(x, y) = \varphi(bx - ay) e^{-(c/a)x}$$

よって，$(*)$ の一般解を知るためには，特殊解を求めればよいことになる．

8.3 1階線形偏微分方程式

例題 8.5 ────────────── 1階偏微分方程式 ─

a, b, c は定数で $a \neq 0$ とすると, 1階偏微分方程式
$$au_x + bu_y + cu = f$$
の解は
$$u(x,y) = \varphi(bx - ay)e^{-(c/a)x} + e^{-(c/a)x}\int_0^x e^{c\tau}f(\tau, b\tau + ay - bx)d\tau$$
と表されることを示せ.

解答 特殊解を求めるために, s を固定して, 変数 t の関数
$$U(t) = u(at, bt + s)$$
を考える. このとき
$$U'(t) = u_x a + u_y b$$
よって, U は微分方程式
$$U'(t) + cU = F$$
の解である. ここに, $F(t) = f(at, bt + s)$ である. 両辺に e^{ct} をかけると
$$\left(e^{ct}U\right)' = e^{ct}F$$
両辺を t で積分すると
$$e^{ct}U = \int_0^t e^{c\tau}F(\tau)d\tau + U(0)$$
よって
$$e^{ct}u(at, bt+s) = \int_0^t e^{c\tau}f(a\tau, b\tau + s)d\tau + u(0, s)$$
ここで, $at = x, bt + s = y$ とおくと
$$u(x,y) = e^{-(c/a)x}\left\{\int_0^{x/a} e^{c\tau}f\left(a\tau, b\tau + y - \frac{b}{a}x\right)d\tau + u\left(0, y - \frac{b}{a}x\right)\right\}$$

❦❦ **問 題** ❦❦❦❦❦❦❦❦❦❦❦❦❦❦❦❦❦❦❦❦❦❦

8.3 次の1階偏微分方程式の解の表示を求めよ.
$$u_x + u_y + 2u = x$$

8.4　2階偏微分方程式

8.4.1　2階偏微分方程式
2階までの偏微分を含む式
$$au_{xx} + 2bu_{xy} + cu_{yy} + hu_x + ku_y + lu = f \qquad (*)$$
を **2階線形偏微分方程式** という．

以下，係数 a, b, c, h, k, l は定数とする．

8.4.2　2階定数係数偏微分方程式の分類
a, b, c が定数のとき，$b^2 - ca$ の符号によって，次の3つに分類される．

> (1)　$b^2 - ca > 0$ のとき，双曲型
> (2)　$b^2 - ca < 0$ のとき，楕円型
> (3)　$b^2 - ca = 0$ のとき，放物型

とくに
(1)　双曲型の2階偏微分方程式 $u_{xx} - c^2 u_{yy} = 0$ は1次元波動方程式と呼ばれる；
(2)　楕円型の2階偏微分方程式 $u_{xx} + u_{yy} = 0$ はラプラス方程式と呼ばれる；
(3)　放物型の2階偏微分方程式 $u_y - c^2 u_{xx} = 0$ は1次元熱伝導方程式または熱方程式と呼ばれる．

これらについて後ほど論じる．

例題 8.6　　　　　　　　　　　　　　　　　　　　　2階偏微分方程式

2階偏微分方程式 $u_{xy} = 0$ の解を求めよ．

解答　　$(u_x)_y = 0$ だから，u_x は x のみの関数であるから，$u_x = f(x)$ と表される．これを x について積分すると次のように表される．
$$u = F(x) + G(y)$$

8.4　2階偏微分方程式

例題 8.7 ────────────── **2 階線形偏微分方程式の標準形**

2 階線形偏微分方程式において，$au_{xx} + 2bu_{xy} + cu_{yy}$ を，$a \neq 0$ のとき

$$\xi = px + qy, \quad \eta = rx + sy$$

と変換することによって
(1)　$2Bu_{\xi\eta}$ 　　　　$(B \neq 0)$
(2)　$A(u_{\xi\xi} + u_{\eta\eta})$ 　　$(A \neq 0)$
(3)　$Cu_{\eta\eta}$ 　　　　$(C \neq 0)$
の形に書き換えよ．

解答

$$u_x = u_\xi \xi_x + u_\eta \eta_x = u_\xi p + u_\eta r,$$
$$u_y = u_\xi \xi_y + u_\eta \eta_y = u_\xi q + u_\eta s,$$
$$u_{xx} = (u_\xi)_x p + (u_\eta)_x r = (u_{\xi\xi} p + u_{\xi\eta} r)p + (u_{\eta\xi} p + u_{\eta\eta} r)r,$$
$$u_{xy} = (u_\xi)_y p + (u_\eta)_y r = (u_{\xi\xi} q + u_{\xi\eta} s)p + (u_{\eta\xi} q + u_{\eta\eta} s)r,$$
$$u_{yy} = (u_\xi)_y q + (u_\eta)_y s = (u_{\xi\xi} q + u_{\xi\eta} s)q + (u_{\eta\xi} q + u_{\eta\eta} s)s$$

よって

$$au_{xx} + 2bu_{xy} + cu_{yy}$$
$$= a(u_{\xi\xi}p + u_{\xi\eta}r)p + a(u_{\eta\xi}p + u_{\eta\eta}r)r + 2b(u_{\xi\xi}q + u_{\xi\eta}s)p + 2b(u_{\eta\xi}q + u_{\eta\eta}s)r$$
$$+ c(u_{\xi\xi}q + u_{\xi\eta}s)q + c(u_{\eta\xi}q + u_{\eta\eta}s)s$$
$$= u_{\xi\xi}(ap^2 + 2bpq + cq^2) + u_{\xi\eta}(2arp + 2b(sp + qr) + 2cqs)$$
$$+ u_{\eta\eta}(ar^2 + 2bsr + cs^2)$$

(1)　$b^2 - ca > 0$ (双曲型) のとき，2 次方程式

$$a\lambda^2 + 2b\lambda + c = 0$$

は 2 つの異なる実数解 α, β をもつ．そこで，$p = \alpha, q = 1, r = \beta, s = 1$ と定めると $\begin{vmatrix} p & q \\ r & s \end{vmatrix} \neq 0$ で

$$A = ap^2 + 2bpq + cq^2 = 0,$$
$$C = ar^2 + 2bsr + cs^2 = 0,$$
$$2B = 2arp + 2b(sp + qr) + 2cqs \neq 0$$

となる.

(2) $b^2 - ca < 0$ (楕円型) のとき, 2 次方程式

$$a\lambda^2 + 2b\lambda + c = 0$$

は虚数解 $\alpha \pm \beta i$ をもつ. そこで, $p = \alpha, q = 1, r = \beta, s = 0$ と定めると $\begin{vmatrix} p & q \\ r & s \end{vmatrix} \neq 0$ で

$$A = ap^2 + 2bpq + cq^2 = ar^2 + 2bsr + cs^2 \neq 0,$$
$$2B = 2arp + 2b(sp + qr) + 2cqs = 0$$

となる.

(3) $b^2 - ca = 0$ (放物型) のとき, 2 次方程式

$$a\lambda^2 + 2b\lambda + c = 0$$

は重解 α をもつ. そこで, $p = \alpha, q = 1, r \neq \alpha, r \neq 0, s = 0$ と定めると $\begin{vmatrix} p & q \\ r & s \end{vmatrix} \neq 0$ で

$$A = ap^2 + 2bpq + cq^2 = 0,$$
$$C = ar^2 + 2bsr + cs^2 \neq 0,$$
$$2B = 2arp + 2b(sp + qr) + 2cqs = 0$$

となる.

8.4.3 偏微分演算子

偏微分演算子

$$\frac{\partial}{\partial x} = D_x, \quad \frac{\partial}{\partial y} = D_y$$

を考える.

8.4　2階偏微分方程式

例題 8.8 ────────────────── 偏微分演算子 ──

2階偏微分方程式 (∗) において

$$ax^2 + 2bxy + cy^2 + hx + ky + l = a(x - p_1 y - q_1)(x - p_2 y - q_2)$$

と因数分解されるとき

(1) (∗) の解 u は次を満たすことを示せ.

$$(D_x - p_1 D_y - q_1 I)(D_x - p_2 D_y - q_2 I)u = 0$$

(2) (∗) の一般解 u は次のように表されることを示せ.

$$u = e^{q_1 x}\varphi_1(y + p_1 x) + e^{q_2 x}\varphi_2(y + p_2 x)$$

解答

(1) $(D_x - p_1 D_y - q_1 I)(D_x - p_2 D_y - q_2 I)u$

$= (D_x - p_1 D_y - q_1 I)(u_x - p_2 u_y - q_2 u)$

$= (u_{xx} - p_2 u_{xy} - q_2 u_x) - p_1(u_{xy} - p_2 u_{yy} - q_2 u_y) - q_1(u_x - p_2 u_y - q_2 u)$

同様に

$(x - p_1 y - q_1)(x - p_2 y - q_2)$

$= (D_x - p_1 D_y - q_1 I)(u_x - p_2 u_y - q_2 u)$

$= (x^2 - p_2 xy - q_2 x) - p_1(xy - p_2 y^2 - q_2 y) - q_1(x - p_2 y - q_2)$

係数を比較すればよい.

(2) $(D_x - p_1 D_y - q_1 I)u_1 = 0$ であれば

$$(D_x - p_1 D_y - q_1 I)(D_x - p_2 D_y - q_2 I)u_1 = (D_x - p_2 D_y - q_2 I)0 = 0$$

同様に, $(D_x - p_2 D_y - q_2 I)u_2 = 0$ であれば

$$(D_x - p_1 D_y - q_1 I)(D_x - p_2 D_y - q_2 I)u_2 = (D_x - p_1 D_y - q_1 I)0 = 0$$

u_1, u_2 は例題 8.2 のように与えられる. そこで, 一般解は $u = u_1 + u_2$ である.

第 8 章　偏微分方程式

> **例題 8.9**　　　　　　　　　　　　　　　　　　　　2 階偏微分方程式
>
> 2 階偏微分方程式
>
> $$(D_x + 1)(D_x - D_y - 1)u = xy$$
>
> について
> (1)　$(D_x - D_y - 1)v = xy$ を解け.
> (2)　$(D_x + 1)u = v$ を解け.
> (3)　一般解を求めよ.

解答　(1)　$(D_x - D_y - 1)v = xy$ の特殊解は

$$\begin{aligned}
v &= e^x \int_0^x e^{-\xi}\xi(y+x-\xi)d\xi \\
&= e^x\left[-e^{-\xi}\xi(y+x-\xi)\right]_0^x + e^x\int_0^x e^{-\xi}(y+x-\xi-\xi)d\xi \\
&= -xy - e^x\int_0^x -e^{-\xi}(y+x-2\xi)d\xi \\
&= -xy + e^x\left[-e^{-\xi}(y+x-2\xi)\right]_0^x - e^x\int_0^x -e^{-\xi}(-2)d\xi \\
&= -xy + e^x\left\{-e^{-x}(y-x)+(y+x)\right\} - 2e^x\int_0^x e^{-\xi}d\xi \\
&= -xy - (y-x) + e^x(y+x) - 2e^x\left[-e^{-\xi}\right]_0^x \\
&= -xy - (y-x) + e^x(y+x) + 2 - 2e^x \\
&= -xy - y + x + 2 + e^x(y+x-2)
\end{aligned}$$

(2)　$(D_x + 1)u = v$ の一般解は例題 8.5 より

$$\begin{aligned}
u &= e^{-x}\int_0^x e^\xi(-\xi y - y + \xi + 2 + e^\xi(y+\xi-2))d\xi \\
&= e^{-x}\int_0^x e^\xi(-\xi y - y + \xi + 2)d\xi + e^{-x}\int_0^x e^{2\xi}(y+\xi-2)d\xi \\
&= e^{-x}\left[e^\xi(-\xi y - y + \xi + 2)\right]_0^x - e^{-x}\int_0^x e^\xi(-y+1)d\xi \\
&\quad + e^{-x}\left[\frac{1}{2}e^{2\xi}(y+\xi-2)\right]_0^x - e^{-x}\int_0^x \frac{1}{2}e^{2\xi}d\xi
\end{aligned}$$

8.4 2階偏微分方程式

$$= (-xy - y + x + 2) + \frac{1}{2}e^x(y + x - 2)$$
$$+ e^{-x}(y-1)\int_0^x e^\xi d\xi - \frac{1}{2}e^{-x}\int_0^x e^{2\xi} d\xi$$
$$= (-xy - y + x + 2) + \frac{1}{2}e^x(y + x - 2)$$
$$+ e^{-x}(y-1)\Big[e^\xi\Big]_0^x - \frac{1}{2}e^{-x}\Big[\frac{1}{2}e^{2\xi}\Big]_0^x$$
$$= (-xy - y + x + 2) + (y-1) + \frac{1}{2}e^x(y + x - 2) - e^{-x}(y-1)$$
$$- \frac{1}{4}e^x + \frac{1}{4}e^{-x}$$
$$= (-xy + x + 1) + \frac{1}{4}e^x(2x + 2y - 5) - \frac{1}{4}e^{-x}(2y - 1)$$

(3) (1), (2) から
$$u = e^{-x}\varphi(y) + (-xy + x + 1) + \frac{1}{4}e^x(2x + 2y - 5) - \frac{1}{4}e^{-x}(2y - 1)$$

問題

8.4 2階偏微分方程式 ($*$) において

$$D_x D_y u = xy$$

について
- (1) $D_y v = xy$ を解け.
- (2) $D_x u = v$ を解け.
- (3) 一般解を求めよ.

8.5　1次元波動方程式

2階偏微分方程式

$$\frac{\partial^2 u}{\partial t^2} = c^2 \frac{\partial^2 u}{\partial x^2}$$

を **1次元波動方程式**という．これは弦の運動を表す方程式である．

例題 8.10 ────────────── 1次元波動方程式 ─

1次元波動方程式
$$\frac{\partial^2 u}{\partial t^2} = c^2 \frac{\partial^2 u}{\partial x^2}$$
の解で，初期条件
$$u(x,0) = f(x), \quad \frac{\partial u}{\partial t}(x,0) = g(x)$$
を満たすものは
$$u(x,t) = \frac{1}{2}\{f(x+ct) + f(x-ct)\} + \frac{1}{2c}\int_{x-ct}^{x+ct} g(\xi)d\xi$$
で与えられることを示せ．

解答　$(D_t - cD_x)(D_t + cD_x)u = 0$ だから，例題 8.8 から

$$u = \psi(x+ct) + \varphi(x-ct) \tag{8.1}$$

これが，初期条件を満たすように ψ, φ を定める．よって

$$u(x,0) = \psi(x) + \varphi(x) = f(x), \tag{8.2}$$

$$\frac{\partial u}{\partial t}(x,0) = c\psi'(x) - c\varphi'(x) = g(x) \tag{8.3}$$

(8.3) を積分すると

8.5 1次元波動方程式

$$\psi(x) - \varphi(x) = \frac{1}{c}\int_0^x g(\xi)d\xi + A \tag{8.4}$$

(8.2), (8.4) から

$$\psi(x) = \frac{1}{2}\left(f(x) + \frac{1}{c}\int_0^x g(\xi)d\xi + A\right),$$

$$\varphi(x) = \frac{1}{2}\left(f(x) - \frac{1}{c}\int_0^x g(\xi)d\xi - A\right)$$

これらを (8.1) に代入すればよい.

補足 変数を $\xi = x + ct, \eta = x - ct$ と変換すると例題 8.7 から偏微分方程式は

$$u_{\xi\eta} = 0$$

となる. よって, 例題 8.6 のように

$$u(x,t) = \psi(\xi) + \varphi(\eta) = \psi(x+ct) + \varphi(x-ct)$$

となって, (8.1) が示される.

問 題

8.5 1次元波動方程式

$$\frac{\partial^2 u}{\partial t^2} = c^2 \frac{\partial^2 u}{\partial x^2}$$

の解で, 初期条件

$$u(x,0) = \sin x, \quad \frac{\partial u}{\partial t}(x,0) = \cos x$$

を満たすものを求めよ.

8.6 熱伝導方程式

細長い棒の温度分布を考える．棒を x 軸にとると t 時間後の温度分布 $u = u(x,t)$ は，2 階偏微分方程式

$$\frac{\partial u}{\partial t} = c^2 \frac{\partial^2 u}{\partial x^2}$$

の解である．これを **1 次元熱伝導方程式**または **1 次元熱方程式**という．

例題 8.11 ─────────────── **1 次元熱伝導方程式 (I)**

$u(x,t) = X(x)T(t)$ が 1 次元熱伝導方程式

$$\frac{\partial u}{\partial t} = c^2 \frac{\partial^2 u}{\partial x^2} \quad (0 < x < L, t > 0) \tag{8.5}$$

$$u(0,t) = 0, \quad u(L,t) = 0 \qquad (t \geq 0) \tag{8.6}$$

の解となるように定めよ．

解答 $u_x = X'(x)T(t), u_{xx} = X''(x)T(t), u_t = X(x)T'(t)$ に注意すると，(8.5) から

$$X(x)T'(t) = c^2 X''(x)T(t)$$

よって，$\dfrac{T'(t)}{T(t)} = c^2 \dfrac{X''(x)}{X(x)}$ となる．この等しい値を k とおくと

$$T'(t) = kT(t), \quad X''(x) = \frac{k}{c^2} X(x)$$

したがって

$$T(t) = Ce^{kt},$$

$$X(x) = \begin{cases} Ae^{\sqrt{k/c^2}\,x} + Be^{-\sqrt{k/c^2}\,x} & (k > 0) \\ (Ax + B)e^{\sqrt{k/c^2}\,x} & (k = 0) \\ A\cos\left(\sqrt{\dfrac{-k}{c^2}}\,x\right) + B\sin\left(\sqrt{\dfrac{-k}{c^2}}\,x\right) & (k < 0) \end{cases}$$

より

8.6 熱伝導方程式

$$u(x,t) = e^{kt} \begin{cases} Ae^{\sqrt{k/c^2}\,x} + Be^{-\sqrt{k/c^2}\,x} & (k > 0) \\ (Ax+B)e^{\sqrt{k/c^2}\,x} & (k = 0) \\ A\cos\left(\sqrt{\dfrac{-k}{c^2}}\,x\right) + B\sin\left(\sqrt{\dfrac{-k}{c^2}}\,x\right) & (k < 0) \end{cases}$$

さて，初期条件 (8.6) を考えよう．
$k>0$ のとき

$$A+B=0, \quad Ae^{\sqrt{k/c^2}\,L} + Be^{-\sqrt{k/c^2}\,L} = 0$$

から，$A=B=0$ となる．
$k=0$ のとき

$$B=0, \quad AL+B=0$$

から，やはり $A=B=0$ となる．
$k<0$ のとき

$$A=0, \quad B\sin\left(\sqrt{\dfrac{-k}{c^2}}\,L\right)=0$$

$B\neq 0$ の解をもつためには $\sqrt{\dfrac{-k}{c^2}}\,L = n\pi\ (n=1,2,\cdots)$ である．したがって，求める解は

$$u(x,t) = Be^{-(nc\pi/L)^2 t}\sin((n\pi/L)x) \tag{8.7}$$

補足 1 次元熱伝導方程式の初期・境界問題は

$$\frac{\partial u}{\partial t} = c^2 \frac{\partial^2 u}{\partial x^2} \qquad (0<x<L, t>0) \tag{8.8}$$

$$u(x,t) = f(x) \qquad (0 \le x \le L) \tag{8.9}$$

$$u(0,t)=0, \quad u(L,t)=0 \qquad (t \ge 0) \tag{8.10}$$

の解を求めることである．(8.7) の解は，(8.8), (8.10) を満たし，さらに，(8.7) の和も (8.8), (8.10) を満たす（**重ね合わせの原理**）．そこで

$$f(x) = \sum_{n=1}^{\infty} B_n \sin\left(\left(\frac{n\pi}{L}\right)x\right)$$

となるように $\{B_n\}$ が定まると求める解は

$$u(x,t) = \sum_{n=1}^{\infty} B_n e^{-(nc\pi/L)^2 t}\sin\left(\left(\frac{n\pi}{L}\right)x\right) \tag{8.11}$$

例題 8.12 ― 1次元熱伝導方程式 (II)

1次元熱伝導方程式

$$\frac{\partial u}{\partial t} = c^2 \frac{\partial^2 u}{\partial x^2}$$

の解で，初期条件

$$u(x,0) = \sin x + \frac{1}{3}\sin 3x, \quad u(0,t) = u(2\pi, t) = 0$$

を満たすものを求めよ．

解答 (8.5) において，$l=1$ とすると

$$u(x,0) = \sum_{n=0}^{\infty}(A_n \cos(nx) + B_n \sin(nx))$$

これが，$\sin x + \dfrac{1}{3}\sin x$ と一致するので

$$B_1 = 1, \quad B_3 = \frac{1}{3}$$

これ以外の A_n, B_n はすべて 0 とおくと，求める解は

$$u(x,t) = e^{-c^2 t}\sin x + \frac{1}{3}e^{-9c^2 t}\sin 3x$$

問題

8.6 1次元熱伝導方程式

$$\frac{\partial u}{\partial t} = c^2 \frac{\partial^2 u}{\partial x^2}$$

の解で，初期条件

$$u(x,0) = \sin x + \frac{1}{2}\sin 2x + \frac{1}{3}\sin 3x, \quad u(0,t) = u(2\pi, t) = 0$$

を満たすものを求めよ．

8.6 熱伝導方程式

例題 8.13 ──────────────────── **1 次元熱伝導方程式 (III)**

両側に無限にのびた針金の温度分布は，1 次元熱伝導方程式

$$\frac{\partial u}{\partial t} = c^2 \frac{\partial^2 u}{\partial x^2} \qquad (-\infty < x < \infty, t > 0) \tag{8.12}$$

$$u(x,0) = f(x) \qquad (-\infty < x < \infty) \tag{8.13}$$

を満たす．この解を求めよ．

解答 例題 8.11 と同じようにして

$$u(x,t) = e^{-kt}\left\{A\cos\left(\sqrt{\frac{-k}{c^2}}\,x\right) + B\sin\left(\sqrt{\frac{-k}{c^2}}\,x\right)\right\}$$

は (8.12) の解である．ここで，$\alpha = \sqrt{\frac{-k}{c^2}}$, $A = \cos\alpha\beta$, $B = \sin\alpha\beta$ とおくと

$$u(x,t) = Ce^{-(c\alpha)^2 t}\cos(\alpha(x-\beta))$$

重ね合わせの原理から，この解を K 上の測度 μ で積分して

$$u(x,t) = \int_K e^{-(c\alpha)^2 t}\cos(\alpha(x-\beta))\,d\mu(\alpha,\beta)$$

も解を与える．ここで

$$\frac{1}{\pi}\int_0^\infty e^{-c^2\alpha^2 t}\cos\alpha(x-\beta)d\alpha = \frac{1}{2\sqrt{\pi c^2 t}}e^{-(x-\beta)^2/4c^2 t} \tag{8.14}$$

に注意しよう．積分の順序を入れ替えると

$$\begin{aligned}u(x,t) &= \int_0^\infty \left(\frac{1}{\pi}\int_0^\infty e^{-c^2\alpha^2 t}\cos\alpha(x-\beta)d\alpha\right)f(\beta)d\beta \\ &= \int_0^\infty \frac{1}{2\sqrt{\pi c^2 t}}e^{-(x-\beta)^2/4c^2 t}f(\beta)d\beta\end{aligned}$$

最後に，初期条件 (8.13) が満たされることに注意しよう．

注意 積分

$$u(x,t) = \int_0^\infty \frac{1}{2\sqrt{\pi c^2 t}}e^{-(x-\beta)^2/4c^2 t}f(\beta)d\beta$$

は $f(\beta)$ の**ガウス積分**と呼ばれる．

問題

8.7 (8.14) を示せ．

8.7 ラプラス方程式

2階偏微分方程式

$$\Delta u = \frac{\partial^2 u}{\partial x^2} + \frac{\partial^2 u}{\partial y^2} = 0 \qquad (*)$$

を考える．これを **2 次元ラプラス方程式**という．ラプラス方程式の解は，数学ばかりでなく，電磁気学，天文学，流体力学など自然科学の多くの分野で重要である．

例題 8.14 ────────── 2 次元ラプラス方程式 (I)

$u(x,y) = X(x)Y(y)$ が 2 次元ラプラス方程式 (*) の解となるように定めよ．

解答 $u_{xx} = X''(x)Y(y),\ u_{yy} = X(x)Y''(y)$ に注意すると

$$X''(x)Y(y) + X(x)Y''(y) = 0$$

よって

$$-\frac{X''(x)}{X(x)} = \frac{Y''(y)}{Y(y)}$$

この等しい値を $\lambda > 0$ とおくと

$$X''(x) = -\lambda X(x),$$
$$Y''(y) = \lambda Y(y)$$

これらの一般解は

$$X(x) = A\cos\sqrt{\lambda}\,x + B\sin\sqrt{\lambda}\,x,$$
$$Y(y) = Ce^{\sqrt{\lambda}\,y} + De^{-\sqrt{\lambda}\,y}$$

8.7 ラプラス方程式

例題 8.15 ─────────────── 2次元ラプラス方程式 (II)

2次元ラプラス方程式の解で，境界条件

$$u(x,0) = f(x), \quad u(x,b) = 0 \quad (0 < x < a)$$
$$u(0,y) = u(a,y) = 0 \qquad (y < x < b)$$

を満たすものを求めよ．ここに

$$f(x) = \sum_{n=1}^{N} c_n \sin \frac{n\pi x}{a}$$

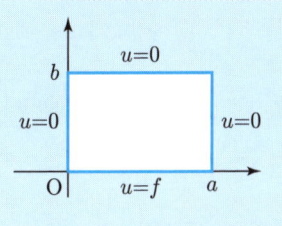

解答　まず

$$u(x,y) = X(x)Y(y)$$

で同じ境界条件を満たすものを求めよう．ここで

$$X(x) = A\cos\sqrt{\lambda}\,x + B\sin\sqrt{\lambda}\,x,$$
$$Y(y) = Ce^{\sqrt{\lambda}\,y} + De^{-\sqrt{\lambda}\,y}$$

境界条件として

$$X(0) = X(a) = 0$$

となるので，$a\sqrt{\lambda} = n\pi$（n は整数）とおいて

$$X(x) = A\sin \frac{n\pi x}{a}$$

また，$Y(b) = 0$ となるので

$$Y(y) = C\frac{e^{n\pi(b-y)/a} - e^{-n\pi(b-y)/a}}{2}$$
$$= C\sinh\left(\frac{n\pi(b-y)}{a}\right)$$

よって

$$u(x,y) = A\sin\frac{n\pi x}{a}\sinh\left(\frac{n\pi(b-y)}{a}\right)$$

そこで，熱伝導方程式の場合と同じように，これらの解を重ね合わせて

$$u(x,y) = \sum_{n=0}^{\infty} A_n \sin\frac{n\pi x}{a}\sinh\left(\frac{n\pi(b-y)}{a}\right)$$

が境界条件をすべて満たすように A_n を定めよう．このためには

$$u(x,0) = \sum_{n=0}^{\infty} A_n \sin\frac{n\pi x}{a}\sinh\left(\frac{n\pi b}{a}\right)$$
$$= f(x)$$

となればよい．したがって

$$c_n = A_n \sinh\left(\frac{n\pi b}{a}\right) \quad (n=1,2,\cdots,N)$$

となるように $\{A_n\}$ をとればよい．

8.7 ラプラス方程式

例題 8.16 ──────────────── 2 次元ラプラス方程式 (III) ──

$f(x)$ は有界な連続関数とする．このとき，2 次元ラプラス方程式の解で，境界条件
$$u(x,0) = f(x) \qquad (-\infty < x < \infty)$$
を満たす有界なものを求めよ．

解答 まず，$u(x,y) = X(x)Y(y)$ が解のとき
$$X(x) = A\cos\sqrt{\lambda}\,x + B\sin\sqrt{\lambda}\,x,$$
$$Y(y) = Ce^{\sqrt{\lambda}\,y} + De^{-\sqrt{\lambda}\,y}$$

有界な解は
$$u(x,y) = e^{-\sqrt{\lambda}\,y}(A\cos\sqrt{\lambda}\,x + B\sin\sqrt{\lambda}\,x)$$

$\sqrt{\lambda} = \alpha > 0$, $A = \cos\alpha\beta$, $B = \sin\alpha\beta$ として

$$u(x,y) = e^{-\alpha y}\cos\alpha(x - \beta)$$

は解である．

これらの解を重ね合わせて
$$u(x,y) = \frac{1}{\pi}\int_{-\infty}^{\infty}\left(\int_0^{\infty} e^{-\alpha y} f(\beta)\cos\alpha(x-\beta)d\beta\right)d\alpha$$

を考える．ここで
$$\int_0^{\infty} e^{-\alpha y}\cos\alpha(x-\beta)d\alpha = \frac{y}{(x-\beta)^2 + y^2} \tag{8.15}$$

に注意して，積分の順序を入れ替えると
$$u(x,y) = \frac{1}{\pi}\int_{-\infty}^{\infty} \frac{y}{(x-\beta)^2 + y^2} f(\beta)d\beta$$

最後に，$u(x,0) = f(x)$ であることに注意しよう．

注意 積分
$$u(x,y) = \frac{1}{\pi}\int_{-\infty}^{\infty} \frac{y}{(x-\beta)^2 + y^2} f(\beta)d\beta$$

は $f(\beta)$ の**ポアソン積分**と呼ばれる．

付　　　録

A.1　Excel による関数のグラフの描き方

関数 $y = x^2$ のグラフ を Excel を用いて描いてみよう．

1. 最初に，Excel を立ち上げる．(図 **1**)
2. A1 に表題「$y = x^2$ のグラフ」を書き，A で x の値，B で y の値を計算する．(図 **2**)
3. A3 は「-1」，A4 は「$= A3 + 0.1$」と書こう．(図 **3**)
4. A4 の結果をコピーして 5 行以降に貼り付ける．(図 **4**)
5. B3 に「$= A3 * A3$」と書こう．(図 **5**)
6. B3 の結果を 4 行以下に貼り付ける．(図 **6**)
7. A，B の列をクリックし，ツールバーの「挿入」，「グラフ」を選ぶ．(図 **7**)
8. 次に，「散布図」からなめらかな曲線を選ぶ．(図 **8**)
9. 最後に，「完了 (E)」をクリックすると図が描かれる．(図 **9**)

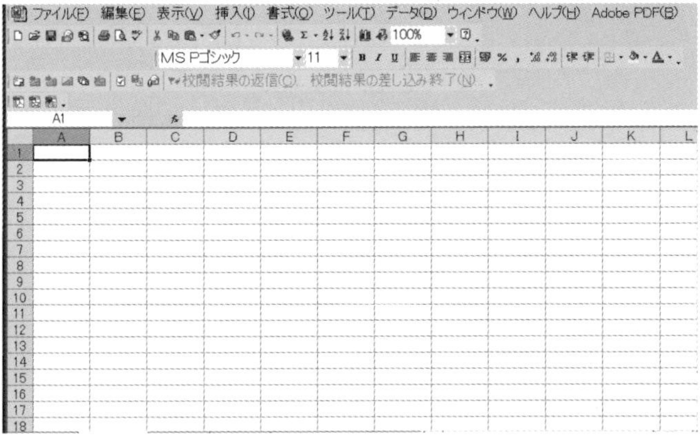
ファイル(F) 編集(E) 表示(V) 挿入(I) 書式(O) ツール(T) データ(D) ウィンドウ(W) ヘルプ(H) Adobe PDF(B)
MS Pゴシック
11
100%
校閲結果の返信(C)... 校閲結果の差し込み終了(N)...
A1

図 1

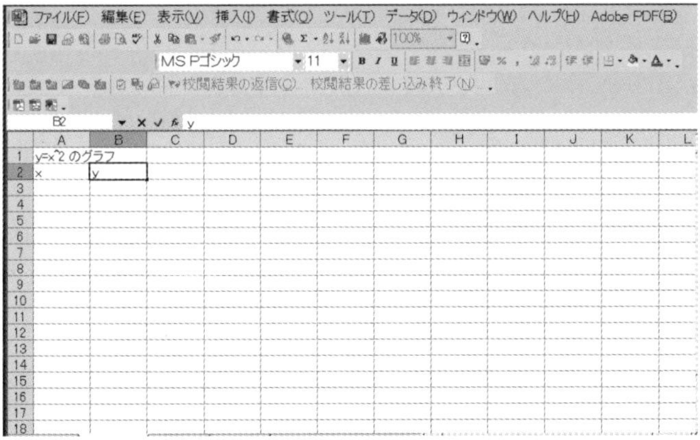
ファイル(F) 編集(E) 表示(V) 挿入(I) 書式(O) ツール(T) データ(D) ウィンドウ(W) ヘルプ(H) Adobe PDF(B)
MS Pゴシック
11
100%
校閲結果の返信(C)... 校閲結果の差し込み終了(N)...
B2
y
y=x^2 のグラフ
x
y

図 2

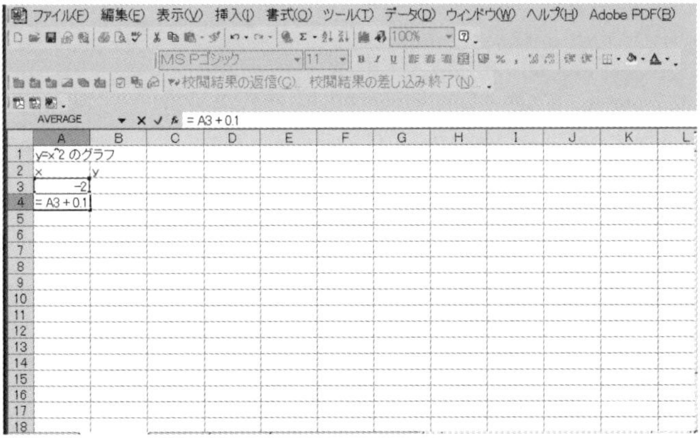
ファイル(F) 編集(E) 表示(V) 挿入(I) 書式(O) ツール(T) データ(D) ウィンドウ(W) ヘルプ(H) Adobe PDF(B)
MS Pゴシック
11
100%
校閲結果の返信(C)... 校閲結果の差し込み終了(N)...
AVERAGE
= A3 + 0.1
y=x^2 のグラフ
x
y
−2
= A3 + 0.1

図 3

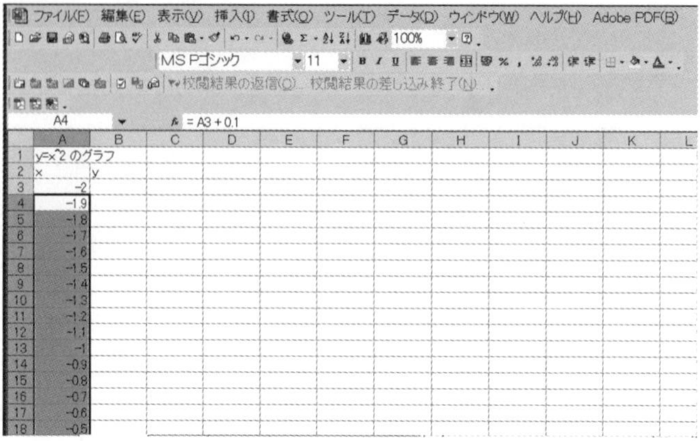
ファイル(F) 編集(E) 表示(V) 挿入(I) 書式(O) ツール(T) データ(D) ウィンドウ(W) ヘルプ(H) Adobe PDF(B)
A4
= A3 + 0.1
y=x^2 のグラフ
x
y
-2
-1.9
-1.8
-1.7
-1.6
-1.5
-1.4
-1.3
-1.2
-1.1
-1
-0.9
-0.8
-0.7
-0.6
-0.5

図 4

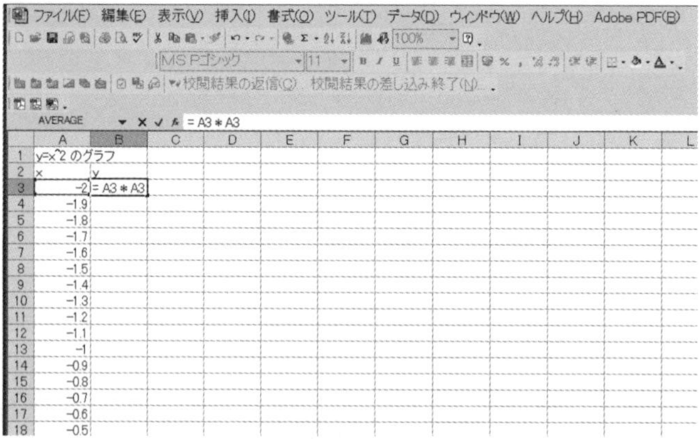
ファイル(F) 編集(E) 表示(V) 挿入(I) 書式(O) ツール(T) データ(D) ウィンドウ(W) ヘルプ(H) Adobe PDF(B)
AVERAGE
= A3 * A3
y=x^2 のグラフ
x
y
-2
= A3 * A3
-1.9
-1.8
-1.7
-1.6
-1.5
-1.4
-1.3
-1.2
-1.1
-1
-0.9
-0.8
-0.7
-0.6
-0.5

図 5

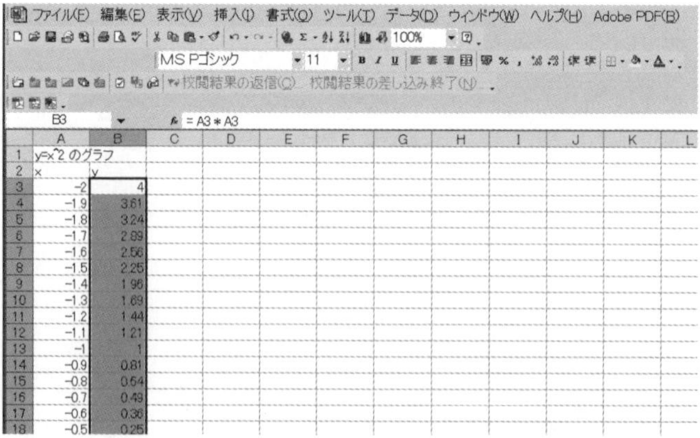
ファイル(F) 編集(E) 表示(V) 挿入(I) 書式(O) ツール(T) データ(D) ウィンドウ(W) ヘルプ(H) Adobe PDF(B)
B3
= A3 * A3
y=x^2 のグラフ
x
y
-2 4
-1.9 3.61
-1.8 3.24
-1.7 2.89
-1.6 2.56
-1.5 2.25
-1.4 1.96
-1.3 1.69
-1.2 1.44
-1.1 1.21
-1 1
-0.9 0.81
-0.8 0.64
-0.7 0.49
-0.6 0.36
-0.5 0.25

図 6

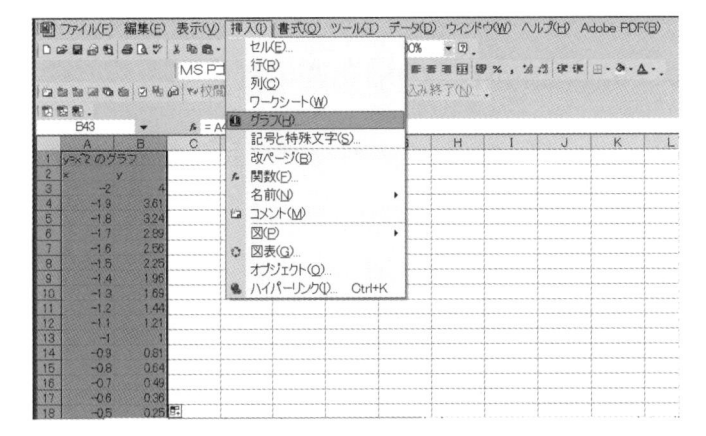

A.1 Excel による関数のグラフの描き方

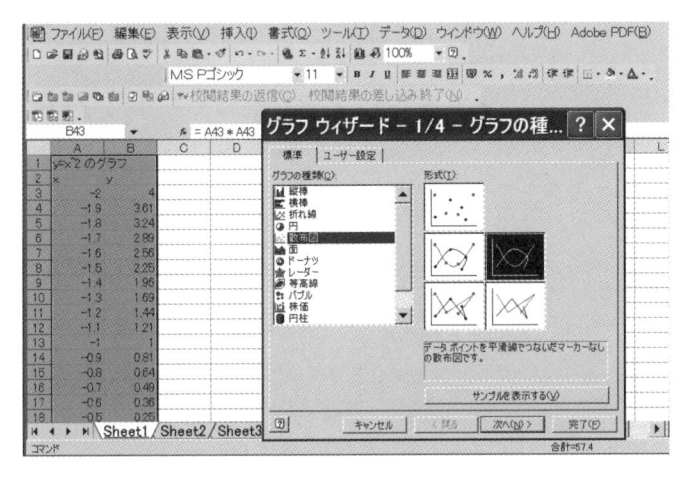

図 7

図 8

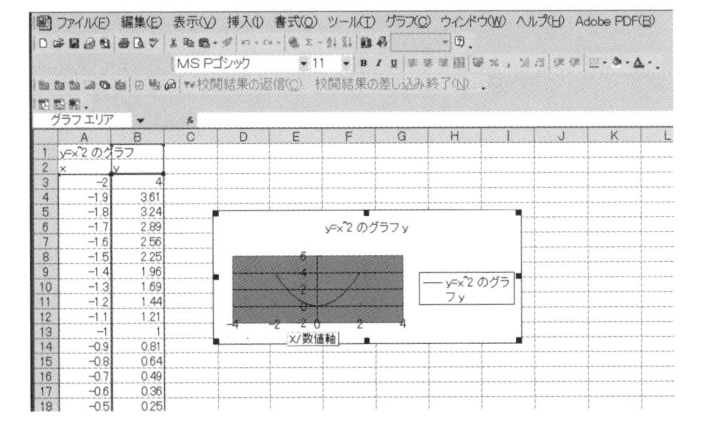

図 9

A.2　Excelによる漸化式の散布図の描き方

漸化式 $a_{n+1} = \frac{1}{2}a_n + 1$ の散布図 を Excel を用いて描いてみよう．

1. 最初に，Excelを立ち上げる．(図10)
2. A1に表題「漸化式の散布図」を書き，Aでnの値，Bでa_nの値を計算する．(図11)
3. A3は「1」，A4は「= A3 + 1」と書こう．(図12)
4. A4の結果をコピーして5行以降に貼り付ける．(図13)
5. B3に「= a_1」の値を書く．(図14)
6. B4に「= $\frac{1}{2}$ * B3 + 1」の値を書く．(図15)
7. B4の結果を5行以下に貼り付ける．(図16)
8. A, Bの列をクリックし，ツールバーの「挿入」，「グラフ」を選ぶ．(図17)
9. 次に，「散布図」から折れ線でつないだ散布図を選ぶ．(図18)
10. 最後に，「完了 (E)」をクリックすると図が描かれる．(図19)

図10

A.2　Excelによる漸化式の散布図の描き方

図11

図12

図13

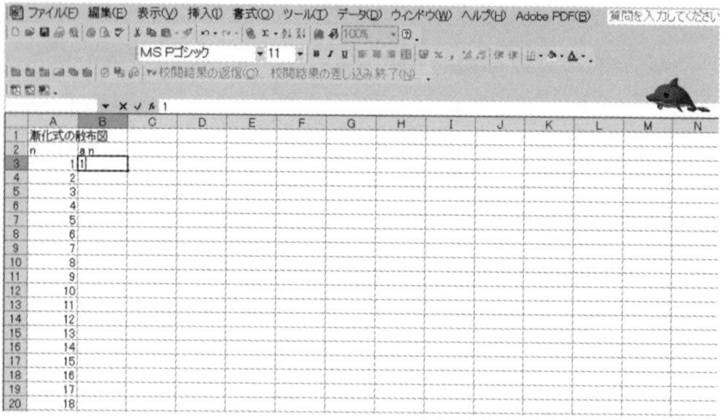
ファイル(F) 編集(E) 表示(V) 挿入(I) 書式(O) ツール(T) データ(D) ウィンドウ(W) ヘルプ(H) Adobe PDF(B)
質問を入力してください
MS Pゴシック
11
校閲結果の返信(C)... 校閲結果の差し込み終了(N)...
1
漸化式の散布図
n
a n
1 1
2
3
4
5
6
7
8
9
10
11
12
13
14
15
16
17
18

図 14

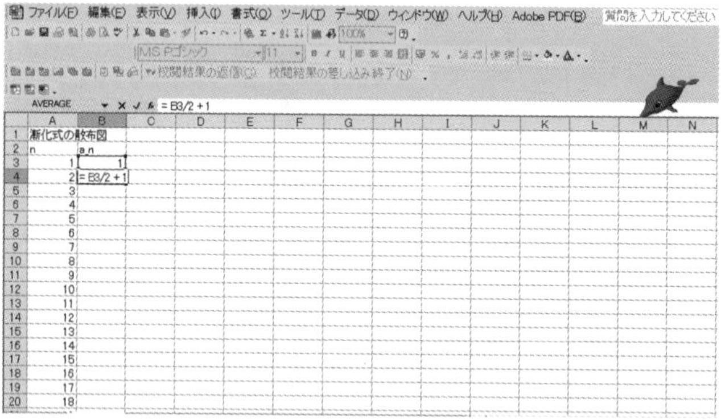
ファイル(F) 編集(E) 表示(V) 挿入(I) 書式(O) ツール(T) データ(D) ウィンドウ(W) ヘルプ(H) Adobe PDF(B)
質問を入力してください
MS Pゴシック
11
校閲結果の返信(C)... 校閲結果の差し込み終了(N)...
AVERAGE
= B3/2 + 1
漸化式の散布図
n
a n
1 1
2 = B3/2 + 1
3
4
5
6
7
8
9
10
11
12
13
14
15
16
17
18

図 15

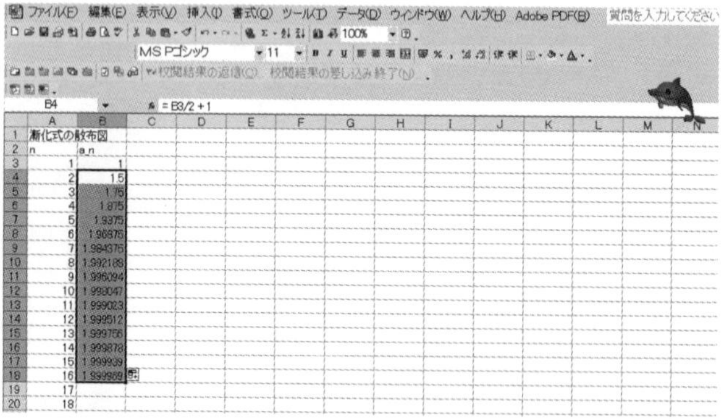
ファイル(F) 編集(E) 表示(V) 挿入(I) 書式(O) ツール(T) データ(D) ウィンドウ(W) ヘルプ(H) Adobe PDF(B)
質問を入力してください
100%
MS Pゴシック
11
校閲結果の返信(C)... 校閲結果の差し込み終了(N)...
B4
= B3/2 + 1
漸化式の散布図
n
a n
1 1
2 1.5
3 1.75
4 1.875
5 1.9375
6 1.96875
7 1.984375
8 1.992188
9 1.996094
10 1.998047
11 1.999023
12 1.999512
13 1.999756
14 1.999878
15 1.999939
16 1.999969
17
18

図 16

A.2 Excelによる漸化式の散布図の描き方

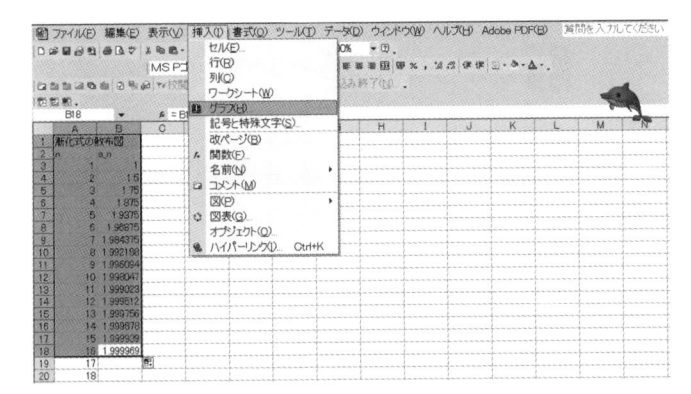

図 17

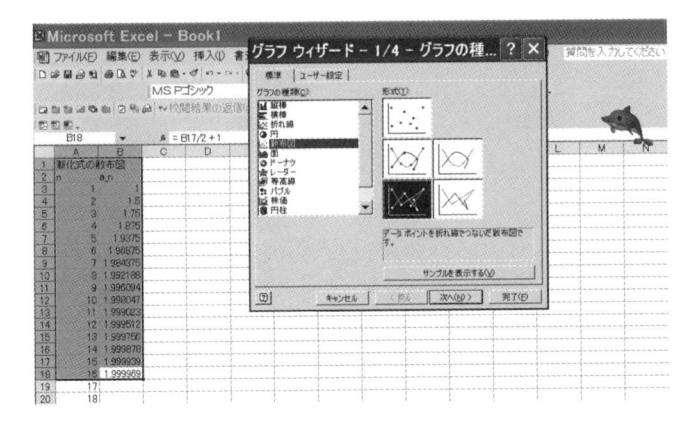

図 18

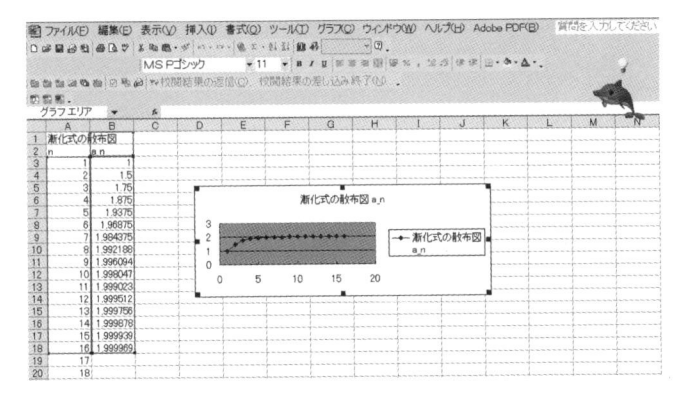

図 19

解　　答

第1章

1.1 (1) 1 　　(2) 3

1.2 (1) $(y-x)x = c$ を x で微分すると，$(y'-1)x + (y-x) = 0$. よって
$$xy' + y - 2x = 0$$

(2) $x^2 - 2cx + y^2 = 0$ より，$(y^2 + x^2)/x = 2c$. 両辺を x で微分すると $(2yy' + 2x)/x + (y^2 + x^2)(-1/x^2) = 0$. よって
$$2xyy' + x^2 - y^2 = 0$$

1.3 (1) $xy' - 3y = x(3x^2) - 3(x^3) = 0$

(2) $y' = \cos x$, $y'' = -\sin x$ だから，$y'' + y = (-\sin x) + \sin x = 0$

1.4

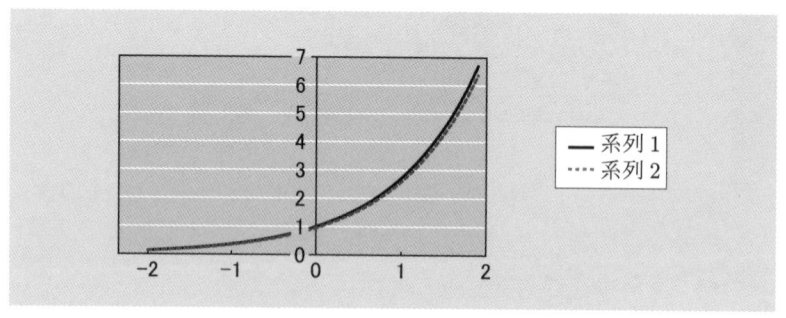

1.5

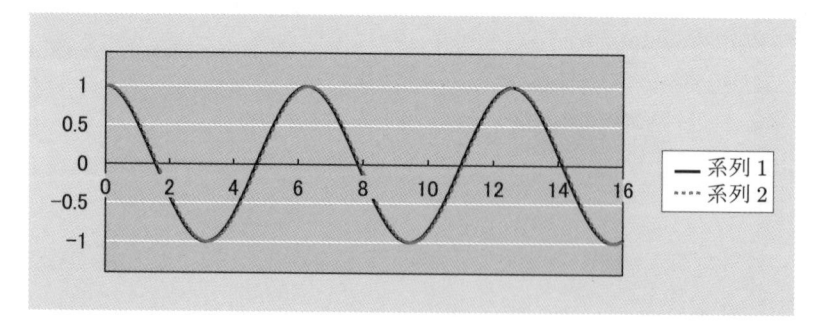

第 2 章

2.1 (1) $y = \int (2x+1)dx = x^2 + x + C$. 初期条件より, $y(0) = C = 1$. よって
$$y = x^2 + x + 1$$

(2) 変数を分離して積分すると
$$\int \frac{dy}{y} = \int \frac{1}{x+1} dx$$
よって, $\log|y| = \log|x+1| + c$. そこで
$$y = \pm e^c (x+1)$$
$C = \pm e^c$ とおくと
$$y = C(x+1)$$
初期条件 $y(1) = 2C = 1$ から, $C = \dfrac{1}{2}$. したがって
$$y = \frac{x+1}{2}$$

(3) 変数を分離して積分すると
$$\int \frac{dy}{y(4-y)} = \int dx$$
$\dfrac{1}{y(4-y)} = \dfrac{1}{4}\left(\dfrac{1}{y} - \dfrac{1}{y-4}\right)$ だから
$$\frac{1}{4}\left(\log|y| - \log|y-4|\right) = x + c$$
よって,
$$\frac{|y|}{|y-4|} = e^{4x+4c}$$
すなわち,
$$\frac{y}{y-4} = \left(\pm e^{4c}\right) e^{4x}$$
$\pm e^{4c} = C$ とおくと, $\dfrac{y}{y-4} = Ce^{4x}$. 初期条件 $y(0) = 1$ から, $\dfrac{1}{-3} = C$. したがって
$$\frac{y}{y-4} = -\frac{1}{3}e^{4x}$$

(4) 変数を分離して積分すると
$$\int \frac{dy}{y^2} = \int \left(-\frac{1}{x^2}\right) dx$$

よって，$-\dfrac{1}{y} = \dfrac{1}{x} + C$．初期条件 $y(1) = 1$ から，$-1 = 1 + C$．したがって
$$\dfrac{1}{x} + \dfrac{1}{y} = 2$$

2.2 点 (x, y) での接線の方程式は
$$Y - y = y'(X - x)$$
$Y = 0$ のとき，$X - x = \dfrac{-y}{y'}$ である．よって
$$\dfrac{-y}{y'} = k \quad (\text{一定})$$
これを解くと，一般解は $y = Ce^{-(1/k)t}$ である．

2.3 点 (x, y) での法線の方程式は
$$Y - y = -\dfrac{1}{y'}(X - x)$$
$Y = 0$ のとき，$X - x = yy'$ である．よって
$$yy' = k \quad (\text{一定})$$
これを解くと，一般解は $\dfrac{1}{2}y^2 = kx + C$ である．

2.4 $xy = c$ 上の点 (x, y) での接線の傾きは
$$xy' + y = 0$$
よって，$y' = -\dfrac{y}{x}$．これに直交する曲線の傾きは
$$y' = \dfrac{x}{y}$$
これは変数分離形であるから $y\,dy = x\,dx$．よって，一般解は $\dfrac{1}{2}y^2 = \dfrac{1}{2}x^2 + C$ である．

2.5 (1)

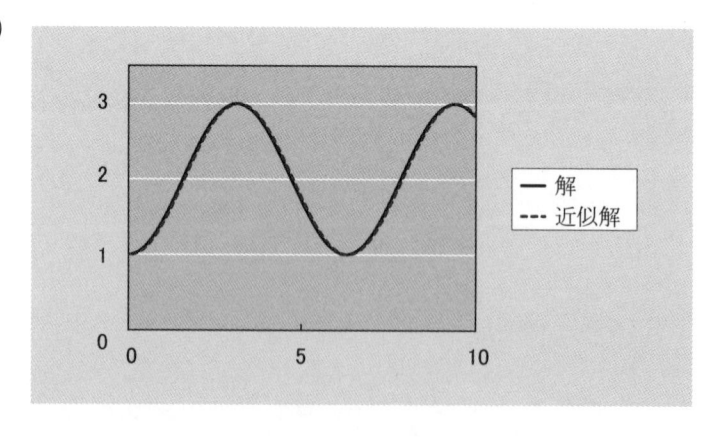

(2)

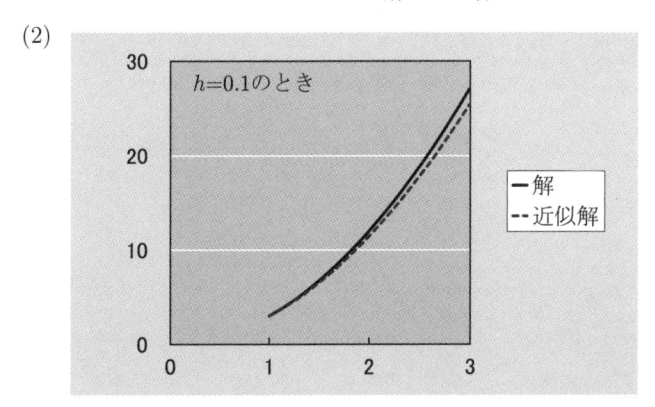

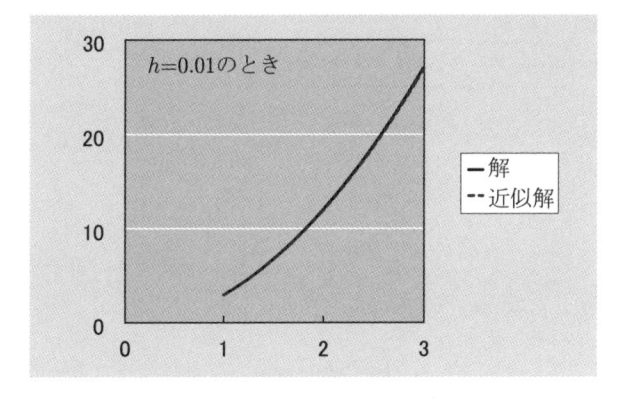

h=0.1のとき

h=0.01のとき

2.6 (1) $y' + y = 0$ は変数分離形だから

$$\int \frac{dy}{y} = \int (-1)dx$$

よって，一般解は $y = Ce^{-x}$. C を $C(x)$ で置き換えて，もとの微分方程式に代入すると

$$\{C'(x)e^{-x} - C(x)e^{-x}\} + C(x)e^{-x} = x^2$$

これから，$C'(x) = x^2 e^x$ だから

$$C(x) = (x^2 - 2x + 2)e^x + C$$

である．したがって，一般解は

$$y = \{(x^2 - 2x + 2)e^x + C\}e^{-x} = (x^2 - 2x + 2) + Ce^{-x}$$

(2) 初期条件 $y(0) = 2 + C = 1$ より，$C = -1$ である．よって，解は

$$y = (x^2 - 2x + 2) - e^{-x}$$

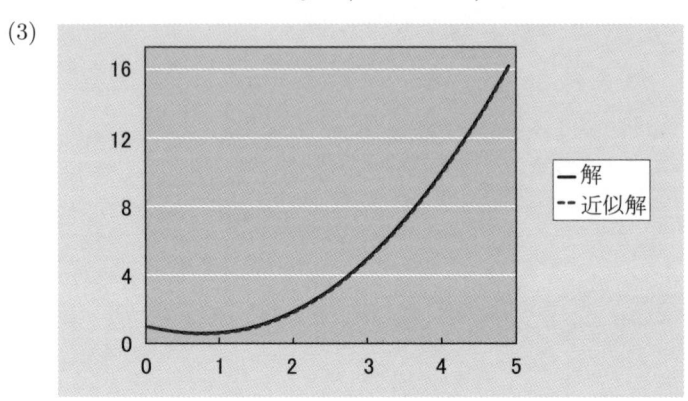

(3)

2.7 (1) e^x (2) e^x を微分方程式にかけると

$$e^x y' + e^x y = e^{2x}$$

(3) (2) の左辺は $\left(e^x y\right)'$ だから，積分すると

$$e^x y = \int e^{2x} dx$$

よって

$$e^x y = \frac{1}{2}e^{2x} + C$$

したがって，一般解は

$$y = \frac{1}{2}e^x + Ce^{-x}$$

2.8 (1) $y = xz$ とおくと

$$z + xz' = \frac{2x + y}{x} = 2 + z$$

よって，$xz' = 2$

(2) (1) より

$$z = 2\log|x| + C$$

解　答

したがって，一般解は
$$y = x(2\log|x| + C)$$

2.9 (1) $y = xz$ とおくと
$$z + xz' = \frac{2xy}{x^2 + 2y^2} = \frac{2z}{1 + 2z^2}$$

よって，$xz' = \dfrac{2z}{1+2z^2} - z = \dfrac{z(1-2z^2)}{1+2z^2}$

(2) (1) より
$$\int \frac{1+2z^2}{z(1-2z^2)} dz = \int \frac{1}{x} dx$$

$\dfrac{1+2z^2}{z(1-2z^2)} = \dfrac{1}{z} - \dfrac{4z}{2z^2-1}$ だから

$$\int \left(\frac{1}{z} - \frac{4z}{2z^2-1}\right) dz = \int \frac{1}{x} dx$$

左辺の 2 項の積分は $(2z^2-1)' = 4z$ に注意して置換積分すると
$$\log|z| - \log|2z^2-1| = \log|x| + c$$

よって，$\dfrac{z}{2z^2-1} = Cx$ $(C = \pm e^c)$．したがって，一般解は
$$y = C(2y^2 - x^2)$$

2.10 (1) $P = y^3 - 3x^2y$, $Q = 3xy^2 - x^3$
$$P_y = 3y^2 - 3x^2, \quad Q_x = 3y^2 - 3x^2$$

よって，$P_y = Q_x$ だから，完全形である．

(2) (1) より
$$f(x,y) = \int P(x,y)dx = y^3 x - x^3 y + u(y)$$

$f_y(x,y) = 3y^2 x - x^3 + u'(y) = Q(x,y)$ だから
$$u'(y) = 0$$

したがって，一般解は
$$f(x,y) = xy^3 - x^3 y = C \quad (\text{定数})$$

を満たす．

2.11 (1) e^x をかけると
$$(1 + e^x \sin y)dx + e^x \cos y\, dy = 0$$

$P = 1 + e^x \sin y$, $Q = e^x \cos y$ とおくと
$$P_y = e^x \cos y, \quad Q_x = e^x \cos y$$

よって，$P_y = Q_x$ だから，完全形である．

(2) (1) より
$$f(x, y) = \int P(x, y)dx + u(y) = x + e^x \sin y + u(y)$$

$f_y(x, y) = e^x \cos y + u'(y) = Q(x, y)$ だから
$$u'(y) = 0$$

よって，$u(y) = C$（定数）である．

(3) 一般解は $f(x, y) = C$（定数）とおいて
$$x + e^x \sin y = C \quad (\text{定数})$$

2.12 (1) $y = z^3$ だから
$$3z^2 z' + z^3 = 2z^2$$

よって，$z' + z/3 = 2/3$

(2) $p(x) = 1/3$ とおいて $e^{\int p(x)dx} = e^{(1/3)x}$ をかけると
$$\left(e^{(1/3)x} z\right)' = (2/3)e^{(1/3)x}$$

一般解は，$e^{(1/3)x} z = 2e^{(1/3)x} + C$ より
$$z = 2 + Ce^{-(1/3)x}$$

したがって
$$y = z^3 = \left(2 + Ce^{-(1/3)x}\right)^3$$

2.13 (1) $y_0 = 1$ のとき
$$xy_0' + (2x - 3)y_0 + y_0^2 = (2x - 3) + 1 = 2x - 2$$

(2) $y = z + y_0 = z + 1$ とおくと

$$x(z') + (2x - 3)(z + 1) + (z + 1)^2 = 2x - 2$$

よって

$$xz' + (2x - 1)z = -z^2$$

(3) $z = w^{-1}$ とおくと

$$x(-w^{-2}w') + (2x - 1)w^{-1} = -w^{-2}$$

よって, $xw' - (2x - 1)w = 1$ を満たす. $p(x) = -\dfrac{2x - 1}{x}$ とおくと

$$e^{\int p(x)dx} = e^{-2x + \log x} = xe^{-2x}$$

これをかけると

$$xe^{-2x}w' - (2x - 1)e^{-2x}w = e^{-2x}$$

この一般解は

$$xe^{-2x}w = \int e^{-2x}dx = \frac{1}{-2}e^{-2x} + C$$

であるから

$$w = -\frac{1}{2x} + C\frac{e^{2x}}{x} = \frac{-1 + 2Ce^{2x}}{2x}$$

したがって

$$y = z + 1 = \frac{1}{w} + 1 = \frac{2x}{-1 + 2Ce^{2x}} + 1$$

2.14 (1) $y' = p$ とおくと

$$x = -\left(\sqrt{p^2 + 1}\right)' = -\frac{p}{\sqrt{p^2 + 1}},$$

$$y = xp + \sqrt{p^2 + 1} = \frac{1}{\sqrt{p^2 + 1}}$$

(2) 一般解は $y' = c$ (定数) とおいて

$$y = cx + \sqrt{c^2 + 1}$$

また, 特殊解は (1) の式から p を消去して

$$x^2 + y^2 = 1$$

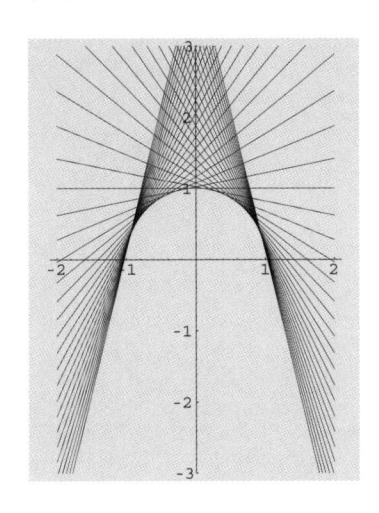

2.15 曲線上の点 (x, y) における接線の方程式は

$$Y - y = y'(X - x)$$

$X = 0$ のとき, $Y = y - xy'$; $Y = 0$ のとき, $X = x - \dfrac{y}{y'}$. よって

$$\mathrm{AB}^2 = (y - xy')^2 + \frac{(y - xy')^2}{y'^2}$$

よって, $a = \pm\,\mathrm{AB}$ とおくと

$$y - xy' = a\frac{y'}{\sqrt{1 + y'^2}}$$

これは, クレローの微分方程式である. そこで, $y' = p$ とおくと

$$x = -a\left(\frac{y'}{\sqrt{1 + y'^2}}\right)' = -a\frac{1}{(1 + p^2)\sqrt{1 + p^2}},$$

$$y = xp + a\frac{p}{\sqrt{1 + p^2}} = a\frac{p^3}{(1 + p^2)\sqrt{1 + p^2}}$$

よって, 特殊解は p を消去して

$$x^{2/3} + y^{2/3} = |a|^{2/3} \qquad (アステロイド)$$

また, 一般解は, $y' = c$ (定数) とおいて

$$y = cx + a\frac{c}{\sqrt{1 + c^2}}$$

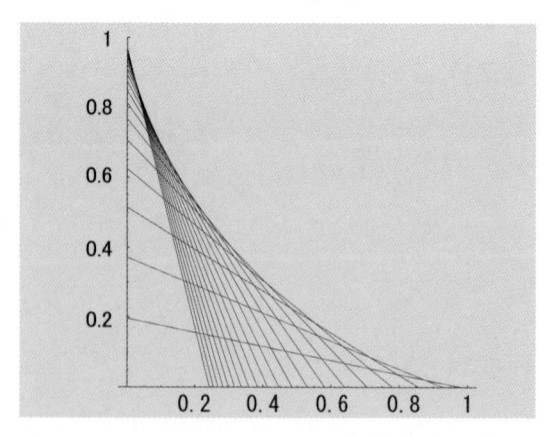

解　答　**173**

第3章

3.1 (1) 特性方程式 $\lambda^2 - \lambda - 2 = 0$ の解は $\lambda = -1, 2$ だから，一般解は
$$y = Ae^{-x} + Be^{2x}$$

(2) 特性方程式 $\lambda^2 - 2\lambda + 1 = 0$ の解は $\lambda = 1$（重解）だから，一般解は
$$y = (Ax + B)e^x$$

(3) 特性方程式 $\lambda^2 + 4 = 0$ の解は $\lambda = \pm 2i$ だから，一般解は
$$y = A\cos 2x + B\sin 2x$$

(4) 特性方程式 $2\lambda^2 + 4\lambda + 3 = 0$ の解は $\lambda = -1 \pm \dfrac{1}{\sqrt{2}}i$ だから，一般解は
$$y = e^{-x}\left(A\cos\frac{1}{\sqrt{2}}x + B\sin\frac{1}{\sqrt{2}}x\right)$$

3.2 (1) 特性方程式 $\lambda^2 - 2\lambda - 3 = 0$ の解は $\lambda = -1, 3$ だから，一般解は
$$y = Ae^{-x} + Be^{3x}$$

(2) $y = axe^{-x}$ を微分方程式に代入すると
$$a(-2e^{-x} + xe^{-x}) - 2a(e^{-x} - xe^{-x}) - 3axe^{-x} = -4ae^{-x}$$

よって，$a = \dfrac{-1}{4}$

(3) $y = Ae^{-x} + Be^{3x} + \dfrac{-1}{4}xe^{-x}$

3.3 (1) 特性方程式 $\lambda^2 + \lambda - 2 = 0$ の解は $\lambda = 1, -2$ だから，一般解は
$$y = Ae^x + Be^{-2x}$$

(2) $y = ax^2 + bx + c$ を微分方程式に代入すると
$$2a + (2ax + b) - 2(ax^2 + bx + c) = -2ax^2 + (2a - 2b)x + 2a + b - 2c$$

よって，$-2a = 2, 2a - 2b = 0, 2a + b - 2c = -1$ となるのは，$a = -1, b = -1, c = -1$.

(3) $y = Ae^x + Be^{-2x} - (x^2 + x + 1)$

3.4 (1) 特性方程式 $\lambda^2 - 2\lambda + 1 = 0$ の解は $\lambda = 1$（重解）だから，基本解は
$$y_1 = e^x, \quad y_2 = xe^x$$

(2) p.52 の ①, ② から
$$\begin{bmatrix} C_1'(x) \\ C_2'(x) \end{bmatrix} = \begin{bmatrix} e^x & xe^x \\ e^x & e^x + xe^x \end{bmatrix}^{-1} \begin{bmatrix} 0 \\ e^x \end{bmatrix}$$
$$= e^{-x} \begin{bmatrix} 1+x & -x \\ -1 & 1 \end{bmatrix} \begin{bmatrix} 0 \\ e^x \end{bmatrix} = \begin{bmatrix} -x \\ 1 \end{bmatrix}$$

よって
$$C_1(x) = \int (-x)dx = -\frac{1}{2}x^2 + C_1, \quad C_2(x) = \int dx = x + C_2$$

したがって，一般解は
$$y = \left(-\frac{1}{2}x^2 + C_1\right)e^x + (x + C_2)xe^x = \frac{1}{2}x^2 e^x + C_1 e^x + C_2 xe^x$$

3.5 (1) 特性方程式 $\lambda^2 + \omega^2 = 0$ の解は $\lambda = \pm \omega i$（重解）だから，基本解は
$$y_1 = \cos \omega x, \quad y_2 = \sin \omega x$$

(2) p.52 の ①, ② から
$$\begin{bmatrix} C_1'(x) \\ C_2'(x) \end{bmatrix} = \begin{bmatrix} \cos \omega x & \sin \omega x \\ -\omega \sin \omega x & \omega \cos \omega x \end{bmatrix}^{-1} \begin{bmatrix} 0 \\ \cos \omega x \end{bmatrix}$$
$$= \omega^{-1} \begin{bmatrix} \omega \cos \omega x & -\sin \omega x \\ \omega \sin \omega x & \cos \omega x \end{bmatrix} \begin{bmatrix} 0 \\ \cos \omega x \end{bmatrix}$$
$$= \omega^{-1} \begin{bmatrix} -\cos \omega x \sin \omega x \\ \cos^2 \omega x \end{bmatrix}$$

よって
$$C_1(x) = \int -\omega^{-1} \cos \omega x \sin \omega x \, dx = \frac{1}{4\omega^2} \cos 2\omega x + C_1,$$
$$C_2(x) = \int \omega^{-1} \cos^2 \omega x \, dx = \frac{1}{2\omega}\left(x + \frac{1}{2\omega}\sin 2\omega x\right) + C_2$$

したがって，一般解は
$$y = \left(\frac{1}{4\omega^2}\cos 2\omega x + C_1\right)\cos\omega x + \left(\frac{x}{2\omega} + \frac{1}{4\omega^2}\sin 2\omega x + C_2\right)\sin\omega x$$

ここで，$\cos 2\omega x \cos\omega x + \sin 2\omega x \sin\omega x = \cos\omega x$ を C_1 の項に加えると，一般解は
$$y = \frac{1}{2\omega}x\sin\omega x + C_1\cos\omega x + C_2\sin\omega x$$

3.6 (1) $y'' = \sin x$ を積分すると
$$y' = -\cos x + a$$

再び，積分すると
$$y = -\sin x + ax + b$$

初期条件 $y(0) = b = 1, y'(0) = -1 + a = 1$ から，$a = 2, b = 1$ である．よって，求める解は $y = -\sin x + 2x + 1$

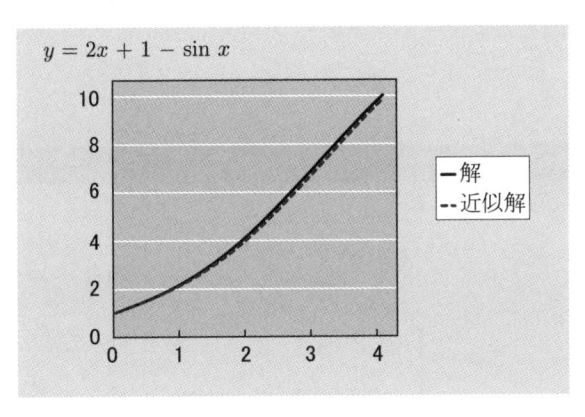

(2) 特性方程式 $\lambda^2 - \lambda - 2 = 0$ を解くと，$\lambda = -1, 2$．そこで，特殊解を求めるために，$y = ax^2 + bx + c$ を微分方程式に代入すると
$$(2a) - (2ax + b) - 2(ax^2 + bx + c) = x^2$$

よって，$a = -\frac{1}{2}, b = \frac{1}{2}, c = -\frac{3}{4}$ となる．そこで，一般解は
$$y = Ae^{-x} + Be^{2x} - \frac{1}{2}x^2 + \frac{1}{2}x - \frac{3}{4}$$

初期条件 $y(0) = A + B - \frac{3}{4} = 1, y'(0) = -A + 2B + \frac{1}{2} = 1$ から，$A = 1, B = \frac{3}{4}$

である．したがって，求める解は $y = e^{-x} + \frac{3}{4}e^{2x} - \frac{1}{2}x^2 + \frac{1}{2}x - \frac{3}{4}$ である．

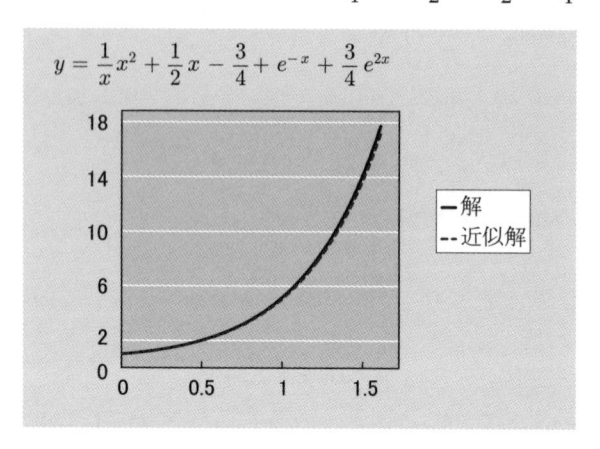

3.7 (1) $z'' - z = 0$
(2) (1) の特性方程式は $\lambda^2 - 1 = 0$ より，$\lambda = \pm 1$. よって，$z = Ae^{-t} + Be^t$ より
$$y = Ax^{-1} + Bx$$

第4章

4.1 $u_1 = y, u_2 = y'$ とすると
$$x^2(u_2)' + axu_2 + bu_1 = 0$$
だから
$$\begin{cases} u_1' = u_2 \\ u_2' = \dfrac{-a}{x}u_2 + \dfrac{-b}{x^2}u_1 \end{cases}$$

4.2 (1)
$$\begin{aligned}(x + u_1 + u_2)' &= 1 + \frac{u_2 - x}{u_1 - u_2} + \frac{x - u_1}{u_1 - u_2} = 1 + \frac{u_2 - u_1}{u_1 - u_2} \\ &= 1 - 1 = 0\end{aligned}$$

よって，$x + u_1 + u_2 = c_1$ （定数）

(2)
$$\begin{aligned}\left(x^2 + u_1^2 + u_2^2\right)' &= 2x + 2u_1 u_1' + 2u_2 u_2' \\ &= 2x + \frac{2u_1(u_2 - x) + 2u_2(x - u_1)}{u_1 - u_2} = 2x - 2x = 0\end{aligned}$$

よって，$x^2 + u_1^2 + u_2^2 = c_2$ （定数）

4.3 (1) 行列 $A = \begin{bmatrix} 1 & 2 \\ 0 & 2 \end{bmatrix}$ の固有方程式

$$\begin{vmatrix} \lambda - 1 & -2 \\ 0 & \lambda - 2 \end{vmatrix} = (\lambda - 1)(\lambda - 2) = 0$$

を解くと，固有値 $\lambda = 1, 2$

固有値 $\lambda = 1$ に属する固有ベクトルは，$\begin{bmatrix} u \\ v \end{bmatrix} = t \begin{bmatrix} 1 \\ 0 \end{bmatrix}$

固有値 $\lambda = 2$ に属する固有ベクトルは，$\begin{bmatrix} u \\ v \end{bmatrix} = t \begin{bmatrix} 2 \\ 1 \end{bmatrix}$

そこで，行列 $P = \begin{bmatrix} 1 & 2 \\ 0 & 1 \end{bmatrix}$ に対して，$P^{-1}AP = \begin{bmatrix} 1 & 0 \\ 0 & 2 \end{bmatrix}$ と A は対角化される．ここで，$\begin{bmatrix} u(x) \\ v(x) \end{bmatrix} = P \begin{bmatrix} f(x) \\ g(x) \end{bmatrix}$ と変換すると

$$\frac{d}{dt}\begin{bmatrix} f(x) \\ g(x) \end{bmatrix} = P^{-1}\frac{d}{dt}\begin{bmatrix} u(x) \\ v(x) \end{bmatrix} = P^{-1}AP\begin{bmatrix} f(x) \\ g(x) \end{bmatrix} = \begin{bmatrix} f(x) \\ 2g(x) \end{bmatrix}$$

したがって
$$f'(x) = f(x), \qquad g'(x) = 2g(x)$$

を解いて
$$f(x) = c_1 e^x, \qquad g(x) = c_2 e^{2x}$$

を得る．ゆえに

$$\begin{bmatrix} u(x) \\ v(x) \end{bmatrix} = P \begin{bmatrix} f(x) \\ g(x) \end{bmatrix} = \begin{bmatrix} 1 & 2 \\ 0 & 1 \end{bmatrix} \begin{bmatrix} c_1 e^x \\ c_2 e^{2x} \end{bmatrix} = \begin{bmatrix} c_1 e^x + 2c_2 e^{2x} \\ c_2 e^{2x} \end{bmatrix}$$

(2) 行列 $A = \begin{bmatrix} 1 & 3 \\ 2 & 2 \end{bmatrix}$ の固有方程式

$$\begin{vmatrix} \lambda - 1 & -3 \\ -2 & \lambda - 2 \end{vmatrix} = (\lambda - 1)(\lambda - 2) - 6 = (\lambda + 1)(\lambda - 4) = 0$$

を解くと，固有値 $\lambda = -1, 4$

固有値 $\lambda = -1$ に属する固有ベクトルは，$\begin{bmatrix} u \\ v \end{bmatrix} = t \begin{bmatrix} -3 \\ 2 \end{bmatrix}$

固有値 $\lambda = 4$ に属する固有ベクトルは，$\begin{bmatrix} u \\ v \end{bmatrix} = t \begin{bmatrix} 1 \\ 1 \end{bmatrix}$

そこで，行列 $P = \begin{bmatrix} -3 & 1 \\ 2 & 1 \end{bmatrix}$ に対して，$P^{-1}AP = \begin{bmatrix} -1 & 0 \\ 0 & 4 \end{bmatrix}$ と A は対角化される．ここで，$\begin{bmatrix} u(x) \\ v(x) \end{bmatrix} = P \begin{bmatrix} f(x) \\ g(x) \end{bmatrix}$ と変換すると

$$\frac{d}{dt}\begin{bmatrix} f(x) \\ g(x) \end{bmatrix} = P^{-1}\frac{d}{dt}\begin{bmatrix} u(x) \\ v(x) \end{bmatrix} = P^{-1}AP\begin{bmatrix} f(x) \\ g(x) \end{bmatrix} = \begin{bmatrix} -f(x) \\ 4g(x) \end{bmatrix}$$

したがって
$$f'(x) = -f(x), \qquad g'(x) = 4g(x)$$
を解いて
$$f(x) = c_1 e^{-x}, \qquad g(x) = c_2 e^{4x}$$
を得る．ゆえに
$$\begin{bmatrix} u(x) \\ v(x) \end{bmatrix} = P \begin{bmatrix} f(x) \\ g(x) \end{bmatrix} = \begin{bmatrix} -3 & 1 \\ 2 & 1 \end{bmatrix} \begin{bmatrix} c_1 e^{-x} \\ c_2 e^{4x} \end{bmatrix}$$
$$= \begin{bmatrix} -3c_1 e^{-x} + c_2 e^{4x} \\ 2c_1 e^{-x} + c_2 e^{4x} \end{bmatrix}$$

4.4 $e^E = eE$

4.5 (1) $\left(P^{-1}AP\right)^n = \begin{bmatrix} \alpha & 0 \\ 0 & \beta \end{bmatrix}$ より，$P^{-1}A^nP = \begin{bmatrix} \alpha^n & 0 \\ 0 & \beta^n \end{bmatrix}$．よって

$$P^{-1}e^A P = P^{-1}\left(E + A + \frac{1}{2!}A^2 + \cdots\right)P$$

$$= P^{-1}EP + P^{-1}AP + \frac{1}{2!}P^{-1}A^2 P + \cdots$$

$$= \begin{bmatrix} 1+\alpha+\frac{1}{2!}\alpha^2+\cdots & 0 \\ 0 & 1+\beta+\frac{1}{2!}\beta^2+\cdots \end{bmatrix}$$

$$= \begin{bmatrix} e^\alpha & 0 \\ 0 & e^\beta \end{bmatrix}$$

(2) $\quad \boldsymbol{u} = e^{xA}\boldsymbol{a} = P\begin{bmatrix} e^{\alpha x} & 0 \\ 0 & e^{\beta x} \end{bmatrix} P^{-1}\boldsymbol{a}$

4.6 $(A-2E)^2 = O$ に注意すると

$$e^{x(A-2E)} = E + x(A-2E) + O + \cdots = E + x(A-2E)$$

したがって

$$e^{xA} = e^{x(A-2E)}e^{2xE} = \{E + x(A-2E)\}(e^{2x}E)$$
$$= e^{2x}\{E + x(A-2E)\}$$

そこで, 解は

$$\boldsymbol{u} = e^{2x}\{E+x(A-2E)\}\boldsymbol{a} = e^{2x}\begin{bmatrix} 1 & x \\ 0 & 1 \end{bmatrix}\begin{bmatrix} 1 \\ 3 \end{bmatrix} = \begin{bmatrix} (1+3x)e^{2x} \\ 3e^{2x} \end{bmatrix}$$

4.7 (1) $\begin{bmatrix} u_1'(x) \\ u_2'(x) \end{bmatrix} = \begin{bmatrix} 1 & 2 \\ 0 & 1 \end{bmatrix}\begin{bmatrix} u_1(x) \\ u_2(x) \end{bmatrix}$ より, 例題 4.4 から

$$\begin{bmatrix} u_1(x) \\ u_2(x) \end{bmatrix} = c_1 \begin{bmatrix} e^x \\ e^x \end{bmatrix} + c_2 \begin{bmatrix} -e^{-2x} \\ 2e^{-2x} \end{bmatrix}$$

(2) (4.1) より

$$\begin{bmatrix} e^x & -e^{-2x} \\ e^x & 2e^{-2x} \end{bmatrix}\begin{bmatrix} C_1'(x) \\ C_2'(x) \end{bmatrix} = \begin{bmatrix} 0 \\ 3e^x \end{bmatrix}$$

よって

$$\begin{bmatrix} C_1'(x) \\ C_2'(x) \end{bmatrix} = \frac{1}{3e^{-x}} \begin{bmatrix} 2e^{-2x} & e^{-2x} \\ -e^x & e^x \end{bmatrix} \begin{bmatrix} 0 \\ 3e^x \end{bmatrix}$$

$$= \frac{1}{3e^{-x}} \begin{bmatrix} 3e^{-x} \\ 3e^{2x} \end{bmatrix} = \begin{bmatrix} 1 \\ e^{3x} \end{bmatrix}$$

ここで, $C_1'(x) = 1$, $C_2'(x) = e^{3x}$ を解いて

$$\begin{bmatrix} C_1(x) \\ C_2(x) \end{bmatrix} = \begin{bmatrix} x + c_1 \\ \frac{1}{3}e^{3x} + c_2 \end{bmatrix}$$

したがって

$$\begin{bmatrix} u_1(x) \\ u_2(x) \end{bmatrix} = \begin{bmatrix} (x+c_1)e^x - (\frac{1}{3}e^{3x} + c_2)e^{-2x} \\ (x+c_1)e^x + 2(\frac{1}{3}e^{3x} + c_2)e^{-2x} \end{bmatrix}$$

$$= \begin{bmatrix} (x - \frac{1}{3})e^x + c_1 e^x - c_2 e^{-2x} \\ (x + \frac{2}{3})e^x + c_1 e^x + 2c_2 e^{-2x} \end{bmatrix}$$

4.8 (1) 一般解は

$$u_1(x) = A(e^{-x} - 2), \quad u_2(x) = (2x + B)e^{-2x}$$

である. 初期条件

$$u_1(0) = -A = 1, \quad u_2(0) = B = 1$$

よって, 解は

$$u_1(x) = 2 - e^{-x}, \quad u_2(x) = (2x + 1)e^{-2x}$$

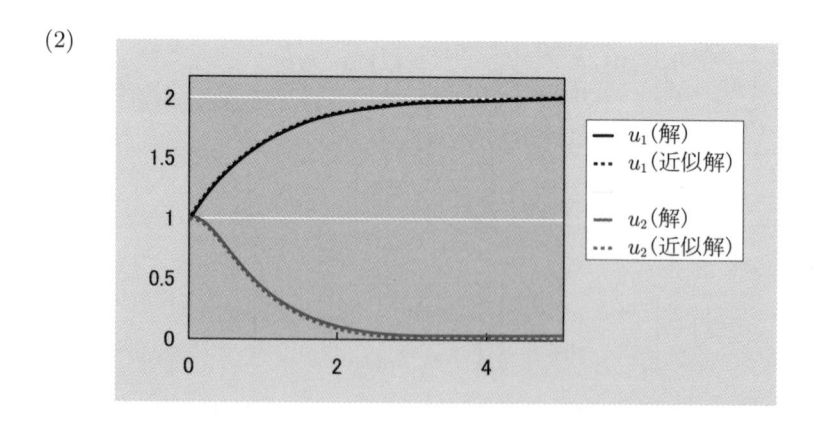

(2)

4.9

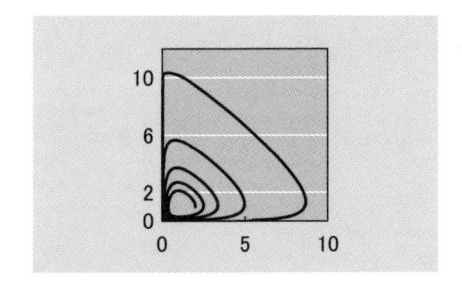

第 5 章

5.1 例題 5.2 (2) から

$$\mathcal{L}[s^n e^{as}](t) = \mathcal{L}[s^n](t-a)$$

例題 5.2 (1) を利用すると

$$\mathcal{L}[s^n e^{as}](t) = \mathcal{L}[s^n](t-a) = \frac{n!}{(t-a)^{n+1}}$$

5.2 例題 5.3 (1) と $Y(0) = 0$ より

$$\mathcal{L}[Y'](t) = t\mathcal{L}[Y](t) - Y(0) = t\mathcal{L}[Y](t)$$

$Y'(s) = y(s)$ より

$$\mathcal{L}[Y](t) = \frac{1}{t}\mathcal{L}[Y'](t) = \frac{1}{t}\mathcal{L}[y](t)$$

5.3 (1) $\mathcal{L}[y'' - y](t) = \{t^2\mathcal{L}[y](t) - ty(0) - y'(0)\} - \mathcal{L}[y](t)$
$\qquad\qquad\qquad = (t^2 - 1)\mathcal{L}[y](t) - t - 1$

(2) $\mathcal{L}[s](t) = \dfrac{1}{t^2}$ だから

$$(t^2 - 1)\mathcal{L}[y](t) - t - 1 = \mathcal{L}[s](t) = \frac{1}{t^2}$$

よって

$$(t^2 - 1)\mathcal{L}[y](t) = \frac{1}{t^2} + t + 1 = \frac{1 + t^3 + t^2}{t^2}$$

したがって

$$\mathcal{L}[y](t) = \frac{1 + t^2 + t^3}{t^2(t^2 - 1)}$$

(3) $\dfrac{1+t^2+t^3}{t^2(t^2-1)} = -\dfrac{1}{t^2} + \dfrac{3}{2(t-1)} - \dfrac{1}{2(t+1)}$ に注意すると

$$\mathcal{L}[y](t) = -\dfrac{1}{t^2} + \dfrac{3}{2(t-1)} - \dfrac{1}{2(t+1)} = \mathcal{L}\left[-s + \dfrac{3}{2}e^s - \dfrac{1}{2}e^{-s}\right](t)$$

定理 5.2 より

$$y = -s + \dfrac{3}{2}e^s - \dfrac{1}{2}e^{-s}$$

5.4 (1) $\mathcal{L}[y''' + 2y](t) = \{t^3 \mathcal{L}[y](t) - y(0)t^2 - y'(0)t - y''(0)\} + 2\mathcal{L}[y](t)$
$= (t^3 + 2)\mathcal{L}[y](t) - t$

(2) $\mathcal{L}[s](t) = \dfrac{1}{t^2}$ だから

$$\mathcal{L}[y''' + y](t) = \mathcal{L}[2s](t) = \dfrac{2}{t^2}$$

よって

$$(t^3 + 2)\mathcal{L}[y](t) = \dfrac{2}{t^2} + t = \dfrac{2 + t^3}{t^2}$$

から, $\mathcal{L}[y](t) = \dfrac{1}{t^2}$

(3) $\mathcal{L}[y](t) = \dfrac{1}{t^2} = \mathcal{L}[s](t)$ だから

$$y = s$$

5.5 (1) $t\mathcal{L}[x](t) - 2 = -2\mathcal{L}[x](t) - \mathcal{L}[y](t) + \dfrac{2}{t}$,

$t\mathcal{L}[y](t) = -\mathcal{L}[x](t) - 2\mathcal{L}[y](t) + \dfrac{1}{t}$

から

$$\mathcal{L}[x](t) = \dfrac{1}{(t+2)^2 - 1}\left\{(t+2)\left(2 + \dfrac{2}{t}\right) - \dfrac{1}{t}\right\} = \dfrac{2t^2 + 6t + 3}{t(t+1)(t+3)},$$

$$\mathcal{L}[y](t) = \dfrac{1}{(t+2)^2 - 1}\left\{-\left(2 + \dfrac{2}{t}\right) + \dfrac{t+2}{t}\right\} = \dfrac{-1}{(t+1)(t+3)}$$

(2) $\mathcal{L}[x](t) = \dfrac{1}{t} + \dfrac{1}{2(t+1)} + \dfrac{1}{2(t+3)} = \mathcal{L}\left[1 + \dfrac{e^{-s}}{2} + \dfrac{e^{-3s}}{2}\right](t)$ より

$$x = 1 + \dfrac{e^{-s}}{2} + \dfrac{e^{-2s}}{2}$$

$$\mathcal{L}[y](t) = -\frac{1}{2(t+1)} + \frac{1}{2(t+3)} = \mathcal{L}\left[-\frac{e^{-s}}{2} + \frac{e^{-3s}}{2}\right](t) \text{ より}$$

$$y = -\frac{e^{-s}}{2} + \frac{e^{-3s}}{2}$$

第6章

6.1 (1) $c_n = \dfrac{1}{n!}$ だから

$$\lim_{n\to\infty} \frac{|c_n|}{|c_{n+1}|} = \lim_{n\to\infty}(n+1) = \infty$$

よって, 収束半径は ∞ である.

(2) $E'(x) = 0 + 1 + \dfrac{2x}{2!} + \dfrac{3x^2}{3!} + \cdots = E(x)$

(3) (2) の微分方程式の一般解は

$$E(x) = Ce^x$$

$E(0) = 1$ だから, $C = 1$. よって

$$E(x) = e^x$$

6.2 $R' < \displaystyle\lim_{n\to\infty} \dfrac{1}{\sqrt[n]{|c_n|}}$ とすると, $n \geq n_0$ ならば

$$R' < \frac{1}{\sqrt[n]{|c_n|}}$$

となる自然数 n_0 が存在する. このとき, $|x - a| < R'$ であれば

$$|c_n(x-a)^n| \leq \left(\frac{|x-a|}{R'}\right)^n$$

となるので, $c_0 + c_1(x-a) + c_2(x-a)^2 + \cdots$ は絶対値収束する.

逆に, $R' > \displaystyle\lim_{n\to\infty} \dfrac{1}{\sqrt[n]{|c_n|}}$ とすると, 定理 6.2 の証明のようにして, $|x - a| > R'$ であれば, $c_0 + c_1(x-a) + c_2(x-a)^2 + \cdots$ は絶対値収束しないことが示される.

6.3 $c_0 = y(0) = 1$ だから, $y = 1 + c_1 x + c_2 x^2 + \cdots + c_n x^n + \cdots$ を代入すると

$$c_1 + c_2(2x) + \cdots + nc_n x^{n-1} = (1+x)^2 + x^2(1 + c_1 x + c_2 x^2 + \cdots)$$
$$- (1 + c_1 x + c_2 x^2 + \cdots)^2$$

定数項の係数を比較すると，$c_1 = 1 - 1 = 0$
x の係数を比較すると，$2c_2 = 2 - 2c_1 = 2$
x^2 の係数を比較すると，$3c_3 = 1 + 1 - (2c_2 + c_1^2)$
x^3 の係数を比較すると，$4c_4 = c_1 - (2c_3 + 2c_1c_2) = 0$
x^4 の係数を比較すると，$5c_5 = c_2 - (2c_4 + 2c_1c_3 + c_2^2) = 0$
よって，$c_1 = 0, c_2 = 1, c_3 = 0, c_4 = 0, c_5 = 0, \cdots$ だから
$$y = 1 + x^2$$

6.4 $y = c_0 + c_1 x + c_2 x^2 + \cdots + c_n x^n + \cdots$ を微分方程式に代入すると
$$(2c_2 + \cdots + n(n-1)c_n x^{n-2} + \cdots) + (c_0 + c_1 x + c_2 x^2 + \cdots + c_n x^n + \cdots) = x$$
定数項は $2c_2 + c_0 = 0$，x の係数は $3 \cdot 2 c_3 + c_1 = 1$，x^n ($n \geq 2$) の係数は
$$(n+2)(n+1)c_{n+2} + c_n = 0$$
よって
$$c_2 = -\frac{1}{2}c_0, \quad c_3 = \frac{1}{3 \cdot 2}(1 - c_1), \quad c_4 = \frac{1}{4!}c_0,$$
$$c_5 = -\frac{1}{5 \cdot 4}c_3 = -\frac{1}{5 \cdot 4}\frac{1}{3 \cdot 2}(1 - c_1) = -\frac{1}{5!}(1 - c_1),$$
$$c_6 = -\frac{1}{6 \cdot 5}c_4 = \frac{1}{6!}c_0$$
したがって，求める解は
$$y = c_0 + c_1 x + \frac{1}{2!}c_0 x^2 + \frac{1}{3!}(1 - c_1)x^3 + \frac{1}{4!}c_0 x^4 + \frac{1}{5!}(1 - c_1)x^5 + \cdots$$
$$= x + c_0\left(1 - \frac{1}{2!}x^2 + \frac{1}{4!}x^4 - \cdots\right) + (c_1 - 1)\left(x - \frac{1}{3!}x^3 + \frac{1}{5!}x^5 - \cdots\right)$$

6.5 (1) $m = 2$ として
$$y_1 = 1 + \frac{-2m}{2!}x^2 = 1 - 2x^2$$

(2) $m = 3$ として
$$y_2 = x + \frac{-2 \cdot 2}{3!}x^3 = x - \frac{2}{3}x^3$$

6.6 $u = (x^2 - 1)^n$ とおくと，$u' = 2nx(x^2 - 1)^{n-1}$ だから
$$(x^2 - 1)u' = 2nxu$$

解　答

ライプニッツの公式を使って，これを $n+1$ 回微分すると

$$\begin{aligned}
0 &= \left((x^2-1)u' - 2nxu\right)^{(n+1)} \\
&= \left\{(x^2-1)u^{(n+2)} + {}_{n+1}\mathrm{C}_1(x^2-1)'u^{(n+1)} + {}_{n+1}\mathrm{C}_2(x^2-1)''u^{(n)}\right\} \\
&\quad - 2n\left\{xu^{(n+1)} + {}_{n+1}\mathrm{C}_1 x' u^{(n)}\right\} \\
&= (x^2-1)u^{(n+2)} + 2xu^{(n+1)} - n(n+1)u^{(n)}
\end{aligned}$$

両辺を $2^n n!$ で割ると求める微分方程式が示される．

第7章

7.1 $f(D)e^{ax} = c_0 e^{ax} + c_1 D^1 e^{ax} + \cdots + c_n D^n e^{ax}$
$\qquad\qquad = (c_0 + c_1 a + \cdots + c_n a^n)e^{ax} = f(a)e^{ax}$

7.2 $D\left(\dfrac{1}{D}y\right) = D\left(\displaystyle\int y(x)dx\right) = y$

7.3
$$y'' - y' - 2y = (D^2 - D - 2I)y = (D+I)(D-2I)y$$

例題 7.2 より，$(D+I)y = 0$ の一般解は $y = Ae^{-x}$，$(D-2I)y = 0$ の一般解は $y = Be^{2x}$ より，一般解は
$$y = Ae^{-x} + Be^{2x}$$

7.4 (1) $\dfrac{1}{(D-aI)^2}0 = e^{ax}(Ax+B)$

(2)
$$y'' - 4y' + 4y = (D-2I)^2 y = 0$$

だから
$$y = \dfrac{1}{(D-2I)^2}0 = e^{2x}(Ax+B)$$

7.5 $y''' - 2y'' - y' + 2 = (D^3 - 2D^2 - D + 2)y$
$$= (D-I)(D+I)(D-2I)y = 0$$

だから，一般解は
$$y = Ae^{-x} + Be^{x} + Ce^{2x}$$

7.6 (1) $D^3 - D^2 + D - I = (D-I)(D^2+I)$

(2) $(D-I)y_1 = 0$ より
$$(D-I)(D^2+I)y_1 = (D^2+I)((D-I)y_1) = 0$$

(3) $(D^2+I)y_2 = 0$ より
$$(D-I)(D^2+I)y_2 = 0$$

(4) (2) の一般解は $y_1 = Ce^x$, (3) の一般解は $y_2 = A\cos x + B\sin x$ である. $e^x, \cos x, \sin x$ は基本解であるから, 一般解は $y = y_1 + y_2$ で与えられる.

7.7
$$y''' + y'' - y' - y = (D-I)(D+I)^2 y = 0$$
だから

$(D-I)y = 0$ の一般解は $y_1 = Ce^x$, $(D+I)^2 y = 0$ の一般解は $y_2 = A\cos x + B\sin x$ である. よって, 一般解は
$$y = y_1 + y_2 = Ce^x + A\cos x + B\sin x$$

7.8 (1) $y''' - 3y'' + 3y' - y = (D-I)^3 y = 0$

(2) 基本解は
$$y_1 = e^x, \quad y_2 = xe^x, \quad y_3 = x^2 e^x$$
である. 実際, ロンスキーの行列式 $W[y_1, y_2, y_3]$ は

$$W[y_1, y_2, y_3] = \begin{vmatrix} e^x & xe^x & x^2 e^x \\ e^x & (x+1)e^x & (x^2+2x)e^x \\ e^x & (x+2)e^x & (x^2+4x+2)e^x \end{vmatrix}$$

$$= e^x e^x e^x \begin{vmatrix} 1 & x & x^2 \\ 1 & x+1 & x^2+2x \\ 1 & x+2 & x^2+4x+2 \end{vmatrix}$$

$$= 2e^{3x} \neq 0$$

したがって, 一般解は
$$y = Ae^x + Bxe^x + Cx^2 e^x$$

と表される. ここに, A, B, C は定数である.

第8章

8.1 x を固定して，y の関数とみて平均値定理を用いると

$$u(x,b) - u(x,a) = (b-a)u_y(x,c)$$

となる c が a,b の間に存在する．仮定より

$$u(x,b) - u(x,a) = 0$$

よって，$\varphi(x) = u(x,a)$ とおくと

$$u(x,y) = \varphi(x)$$

が成立する．

8.2 (1) $u = \varphi(y)e^{-2x}$
(2) $u = \varphi(x)e^{-2y}$

8.3

$$u(x,y) = \varphi(x-y)e^{-2x} + e^{-2x}\int_0^x e^{2\tau}\tau d\tau$$

$$= \varphi(x-y)e^{-2x} + \left(\frac{x}{2} - \frac{1}{4}\right) + \frac{1}{4}e^{-2x}$$

8.4 (1) $v = \dfrac{xy^2}{2} + \varphi(x)$

(2) $u = \dfrac{x^2y^2}{4} + \int \varphi(x)dx + \psi(y)$

(3) (2) において，$\int \varphi(x)dx$ は x の関数だから，再び，それを $\varphi(x)$ とおくと，一般解は

$$u = \frac{x^2y^2}{4} + \varphi(x) + \psi(y)$$

8.5 $u(x,t) = \sin x \cos ct + \dfrac{1}{c}\cos x \sin ct$

8.6 $u(x,t) = e^{-c^2t}\sin x + \dfrac{1}{2}e^{-4c^2t}\sin 2x + \dfrac{1}{3}e^{-9c^2t}\sin 3x$

8.7 定数 a,b に対して

$$F = \int_0^\infty e^{-a\alpha^2}\cos b\alpha d\alpha$$

を考える．$e^{-a\alpha^2}$, $\cos b\alpha$ は偶関数だから，オイラーの関係式から

$$\begin{aligned} F &= \frac{1}{2}\int_{-\infty}^{\infty} e^{-a\alpha^2}(\cos b\alpha + i\sin b\alpha)d\alpha \\ &= \frac{1}{2}\int_{-\infty}^{\infty} e^{-a\alpha^2+bi}d\alpha \\ &= \frac{1}{2}\int_{-\infty}^{\infty} e^{-a(\alpha-bi/2a)^2 - b^2/4a}d\alpha \\ &= \frac{1}{2}e^{-b^2/4a}\int_{-\infty}^{\infty} e^{-a(\alpha-bi/2a)^2}d\alpha \\ &= \frac{1}{2}e^{-b^2/4a}\int_{-\infty}^{\infty} e^{-a\alpha^2}d\alpha \\ &= \frac{1}{2}e^{-b^2/4a}\sqrt{\frac{\pi}{a}} \end{aligned}$$

索引

あ 行

1 次元熱伝導方程式　148
1 次元熱方程式　148
1 次元波動方程式　146
1 階線形同次微分方程式　20
1 階線形同次偏微分方程式　136
1 階線形微分方程式　20
1 階線形偏微分方程式　136
1 階偏微分方程式の特殊解　138
一般解　8
n 階微分方程式　1
エルミートの微分方程式　115
オイラー型の 2 階線形微分方程式　66
オイラー法　18, 57

か 行

解　3
ガウス積分　151
ガウスの微分方程式　121
重ね合わせの原理　149
完全形　28
基本解　43
逆演算子　126
クレローの微分方程式　35

さ 行

収束円　109
収束半径　109
初期条件　8
初期値問題　8

整級数　108
整級数の収束　108
整級数の絶対（値）収束　108
積分演算子　126
積分定数　8
0 次のベッセルの微分方程式　119
全微分形　28
双曲型の 2 階偏微分方程式　140

た 行

楕円型の 2 階偏微分方程式　140
超幾何級数　121
定数変化法　21
特異解　35
同次形　26
特殊解　50
特性方程式　45

な 行

2 階線形同次微分方程式　42
2 階線形微分方程式　42
2 階線形偏微分方程式　140
2 階定数係数線形同次微分方程式　45
2 階定数係数微分方程式　45
2 次元ラプラス方程式　152

は 行

微分演算子　123
微分方程式　1
微分方程式を解く　3
ファン・デル・ポルの微分方程式　96
べき級数　108
ベルヌーイの微分方程式　31

索　引

変数分離形　6
偏微分　134
偏微分方程式　135

ポアソン積分　155
放物型の2階偏微分方程式　140
包絡線　36

ら　行

ラプラス変換　97
リッカチの微分方程式　33

ルジャンドルの多項式　118
ルジャンドルの微分方程式　117
連立線形同次微分方程式　73
連立線形微分方程式　68
連立線形微分方程式の基本解　74
連立線形微分方程式の定数変化法　89
連立線形微分方程式のロンスキー行列式　73
ロンスキー行列式　42
ロンスキアン　73

著者略歴

水田義弘
みずた　よしひろ

1970 年　広島大学理学部数学科卒業
現　　在　広島大学名誉教授　理学博士

主要著書

Potential theory in Euclidean spaces（学校図書，1996）
入門 微分積分（サイエンス社，1996）
理工系 線形代数（サイエンス社，1997）
詳解演習 微分積分（サイエンス社，1998）
実解析入門（培風館，1999）
詳解演習 線形代数（サイエンス社，2000）
大学で学ぶ やさしい微分積分（サイエンス社，2002）
大学で学ぶ やさしい線形代数（サイエンス社，2006）

数学基礎コース＝S 別巻 3

大学で学ぶ
やさしい 微分方程式

2008 年 10 月 10 日 ⓒ		初 版 発 行
2019 年 10 月 10 日		初版第 7 刷発行

著　者　水田義弘　　　発行者　森平敏孝
　　　　　　　　　　　印刷者　杉井康之
　　　　　　　　　　　製本者　米良孝司

発行所　　株式会社　サイエンス社

〒 151–0051　東京都渋谷区千駄ヶ谷 1 丁目 3 番 25 号
営業　☎(03) 5474–8500（代）　　振替 00170–7–2387
編集　☎(03) 5474–8600（代）
FAX　☎(03) 5474–8900

印刷　　（株）ディグ　　　　製本　ブックアート

《検印省略》

本書の内容を無断で複写複製することは，著作者および
出版者の権利を侵害することがありますので，その場合
にはあらかじめ小社あて許諾をお求め下さい．

ISBN978-4-7819-1213-4

サイエンス社のホームページのご案内
http://www.saiensu.co.jp
ご意見・ご要望は
rikei@saiensu.co.jp まで．

PRINTED IN JAPAN

コア・テキスト **微分方程式**
　　　　　河東監修・泉著　　２色刷・Ａ５・本体1750円

基礎課程 **微分方程式**
　　　　　森本・浅倉共著　　Ａ５・本体1900円

微分方程式講義
　　　　　金子　晃著　　２色刷・Ａ５・本体2200円

KeyPoint&Seminar
工学基礎 微分方程式［第２版］
　　　及川・永井・矢嶋共著　　２色刷・Ａ５・本体1850円

新版 演習微分方程式
　　　　　寺田・坂田共著　　２色刷・Ａ５・本体1900円

演習と応用 **微分方程式**
　　　寺田・坂田・曽布川共著　　２色刷・Ａ５・本体1800円

微分方程式演習［新訂版］
　　　　　加藤・三宅共著　　Ａ５・本体1950円

基礎演習 微分方程式
　　　　　金子　晃著　　２色刷・Ａ５・本体2100円

＊表示価格は全て税抜きです．

サイエンス社